物理实验教程

（第2版）

刘书华　宋建民　主编

清华大学出版社

北　京

内 容 简 介

　　本书是根据《高等工业学校物理实验课程教学基本要求》和《高等农业院校农牧类普通物理教学基本要求》，吸收了面向 21 世纪实验教学改革的成果以及多年来物理实验教学实践经验编写而成的。主要内容有测量误差及数据处理基本知识、物理实验基本仪器及基本测量方法、基础性实验、近代与综合性实验、设计性与应用性实验以及选做实验等。

　　本书可作为理工类非物理专业及农、林、牧、医各专业本专科学生的大学物理实验教材，也可作为其他相关工作者的参考书。

图书在版编目（CIP）数据

物理实验教程 / 刘书华，宋建民主编. —2 版. —北京：清华大学出版社，2014(2023.8重印)
ISBN 978-7-302-35306-5

Ⅰ. ①物… Ⅱ. ①刘… ②宋… Ⅲ. ①物理学－实验－高等学校－教材 Ⅳ. ①O4-33

中国版本图书馆 CIP 数据核字(2014)第 018832 号

责任编辑：邹开颜
封面设计：常雪影
责任校对：王淑云
责任印制：曹婉颖

出版发行：清华大学出版社
　　　　　网　　　址：http://www.tup.com.cn，http://www.wqbook.com
　　　　　地　　　址：北京清华大学学研大厦 A 座　　　　邮　　编：100084
　　　　　社 总 机：010-83470000　　　　　　　　　　邮　　购：010-62786544
　　　　　投稿与读者服务：010-62776969，c-service@tup.tsinghua.edu.cn
　　　　　质量反馈：010-62772015，zhiliang@tup.tsinghua.edu.cn
印 装 者：北京嘉实印刷有限公司
经　　销：全国新华书店
开　　本：185mm×260mm　　　印　张：10.5　　　字　　数：254 千字
版　　次：2009 年 1 月第 1 版　2014 年 2 月第 2 版　印　次：2023 年 8 月第10次印刷
定　　价：29.90 元

产品编号：056865-04

编 委 会

主　　编：刘书华　宋建民

副主编：谷延霞　康艳霜　侯志青　王云明　王保柱

编　者：刘东州　哈　静　刘立芳　马恒心　那木拉　朱玲欣

　　　　　杨　帆　朱　莹　宋双居　胡宝月　曾浩宇　张宪贵

第 2 版前言

《大学物理实验教程》一书出版后，一些学校的教师和读者提出了不少好的建议，在这几年的教学过程中，也发现不少需要改进的地方，为此综合多方面的意见和建议对第 1 版进行修订与升级。

本版除对第 1 版中的不妥之处进行了修正外，还对部分章节进行了调整，并新增了部分实验项目。新增实验项目由王云明、康艳霜、侯志青、宋建民完成。参加本书编写与修订工作的还有谷延霞、刘东州、马恒心、那木拉、哈静、王保柱、刘立芳、杨帆、朱玲欣、朱莹、胡宝月、曾浩宇。最后由刘书华老师统稿。

在编写过程中得到了许多单位的支持，在此表示诚挚的谢意。另外我们还参考了有关资料，在此一并表示感谢。

编　者
2014 年 1 月

第1版前言

本书是根据《高等工业学校物理实验课程教学基本要求》和《高等农业院校农牧类普通物理教学基本要求》，吸收了面向 21 世纪实验教学改革的成果以及多年来物理实验教学实践经验编写而成的。

遵循循序渐进的规律，本书把物理实验分为基础性实验、近代与综合性实验、设计性与应用性实验以及选做实验四个部分。基础性实验旨在培养学生的基本实验操作和数据处理技能。考虑到实验课学习的初始阶段，学生需要独立阅读教材进行预习，编写时对实验目的、实验仪器、实验原理介绍比较详细，也给出了设计好的数据表格，使学生容易掌握。每个实验后都附了一定的思考题，可以促使学生对实验内容进行积极思考和深入总结。近代与综合性实验目的是培养学生综合利用多种理论和多种实验仪器的能力。设计性与应用性实验培养学生的创新能力和初步进行科学研究的能力。设计性实验只给出实验任务、实验仪器和简单提示，让学生独立设计实验方案并完成操作；应用性实验则精选了与工农业生产联系较紧密的几个实验，并指出了应用方向与途径以起到启发思路、抛砖引玉的作用。选做实验及模拟物理实验部分，主要是拓宽知识面，促进学生个性发挥，培养学生的科研兴趣。

实验课教学是一项集体工作，无论是教材的编写，还是实验项目的开设，都凝结了全体任课教师与实验技术人员的辛勤劳动。具体分工如下：刘书华：前言、绪论、实验 5.2、5.3、5.4、5.5、5.6、5.8、5.10、5.11 和第 7 章；王保柱：第 1 章、实验 3.9、3.10、4.2；宋建民：第 2 章、实验 3.3；刘东州：实验 3.1、3.2、3.7、3.13、4.5；侯志青：5.1、5.7、5.9；哈静：3.4、3.5、6.2；康艳霜：3.8、3.12、4.1；谷延霞：3.14、4.3；刘立芳：3.11、6.3；王云明：3.15、4.4；马恒心：3.16、6.1，河南科技大学的付三玲参编了第 1 章、3.6、3.9、3.10、4.6、4.7、5.10、5.11 及附录。最后由刘书华对全书文稿格式进行了统一修订，并对部分内容作了必要的修改和补充。高保山老师仔细审阅了书稿，并提出了许多宝贵意见，石家庄学院的张彩霞老师也提出了许多宝贵意见。

在本书的编写过程中，我们吸收了河北农业大学物理实验室多年来许多同事的工作经验和研究成果，也参考了大量兄弟院校的有关教材，吸取了许多宝贵的经验。本书的出版得到了河北农业大学理学院和教务处及教材科的大力支持，在此一并表示感谢。

　　对实验课教学的探索是无止境的，加之时间仓促，书中难免有不妥之处，敬请同行及广大读者批评指正。

编　者

2008 年 8 月

目　录

绪论

1. 物理实验课程的地位和任务

物理学是研究物质存在的基本形式和物质运动基本规律的科学,它在科技乃至人类思维的发展过程中起着非常重要的作用,是自然科学和工程技术的基础。物理学从本质上讲是一门实验科学,物理规律的发现和物理理论的验证都要以观测或实验的事实为准则。例如,伽利略在比萨斜塔上所做的落体实验否定了亚里士多德"落体的速度与重量成正比"的错误结论,得到了同一地点不同物体具有相同重力加速度的科学论断;麦克斯韦电磁场理论预言了电磁波的存在,但只是德国的物理学家赫兹用实验证实了电磁波的存在后,才被人们所公认;杨振宁、李政道于1956年提出的基本粒子在"弱相互作用下的宇称不守恒"理论,也只是在实验物理学家吴健雄实验验证后才得到国际公认。物理学的发展一直是在物理实验和物理理论密切结合、相互推动下进行的。实验在理论指导下进行,而实验的结果又对理论进行验证。

物理实验课是学生进入大学后系统学习科学实验知识的开端,也是后继实验课的基础。实验课和理论课既有联系,又有区别。它是真正以学生为主体、教师为主导的课程,它注重的是过程,而不仅仅是结果本身。在过程中才能真正展现实验的魅力,使学生得到思维的训练和创新能力的开发。因此,实验课在培养学生分析问题、解决问题能力以及创新能力方面起着重要的作用。在科技发展日新月异的今天,作为人类探索科学规律的重要手段,物理实验也将起着越来越重要的作用。物理实验课的任务如下:

(1)通过对实验现象的观察、分析和对物理量的测量,加深学生对物理概念和物理原理的理解,培养其科学直觉和创新能力。

(2)使学生获得必要的实验知识和操作技能,培养学生初步的科学研究能力。通过实验,使学生掌握基本仪器的正确使用方法,培养学生遵守操作规程、爱护公物的优良品德和注意安全的科学习惯。使学生通过对实验现象的观测和判断,提高其发现问题、分析问题和解决问题的能力。通过实验数据的处理、实验结果的分析和实验报告的撰写,培养学生的正确论述和表达能力。

(3)培养学生严谨认真、一丝不苟、实事求是的科学态度。

(4)培养学生的团队精神和团结协作能力。许多实验并非能够一人单独完成,需要几人合作完成。良好的团队合作精神和协作能力对学生以后步入社会从事实际工作都是大有裨益的。

总之,物理实验课的目的是使学生获取知识能力、运用知识能力、动手实践能力、设计创新能力等方面得到训练与提高。这是物理理论课所不能替代的。

2. 物理实验课的运行程序

1）课前预习

由于实验课课堂时间有限，而了解实验内容和实验仪器需要较长的时间，因此为了在规定的时间内高质量地完成实验课的任务，避免出现按讲义指定的步骤"照方抓药"的现象，学生必须做好课前预习。通过预习，要把实验讲义上的内容仔细阅读一遍，弄清本次实验的目的、原理、仪器、步骤及注意事项。为保证预习质量，每位学生均应在实验课前写出预习报告。

预习报告包括：实验题目、实验目的、实验仪器、主要实验步骤、实验注意事项和设计好的实验数据表格。对于设计性实验，要求详细写明实验方案以及具体的实验步骤。

实验前，老师要进行检查，必要时进行提问。预习作为实验课成绩评定的一部分，对于没有进行预习的学生，老师有权停止其本次实验。

2）课堂实验操作

课堂实验操作是物理实验的关键环节。到实验室后，要遵守有关规章制度，爱护仪器设备，注意安全。进入实验室后，首先要对照实物，认识实验仪器的主要构造并记录规格和型号，了解其功能、量程、可调节旋钮和开关的位置、操作方法，然后根据实验要求，合理摆放仪器位置、正确连接线路。连接电路或摆设光路时都必须检查，确认无误，经老师允许后方可开始进行测量。

操作过程中要严肃认真，细致谨慎、确切记录、切不可急于求成、草率从事。实验的重点要放在实验能力的培养上，而不是测出几个数据就以为完成了任务。对实验数据要如实记录，不可人为更改实验数据。如果发现数据错了不要涂改，而应轻轻划上一道，在旁边写上正确测量值。在几人合作一个实验时，要分工协作，不要一人包办代替，以便共同提高实验技能。实验完成后，要将实验数据记录交指导老师审阅，经老师签字允许后，方可整理复原仪器，离开实验室。

3）撰写实验报告

实验报告是对实验工作的简明总结，是让他人评价自己实验成果的依据。实验报告要用自己的语言表达出所做实验的内容、依据、结果、对结果的分析及自己对实验的见解或收获，而不要写成实验讲义的缩写。实验报告一般应包括以下几方面内容：

（1）实验目的。

（2）实验仪器。记录所用仪器的名称、规格和型号、准确度和量程等。

（3）实验原理。用简短的文字扼要阐述实验原理和依据，写出实验所用的主要公式及适用条件，画出原理图、电路图或光路图。切忌整篇照抄实验讲义。

（4）实验数据及结果。实验数据一般采用列表法，表格的设计要根据数据特点来确定，力求简单明了，便于计算和复核，在标题栏中要注明单位。实验数据要如实填写在数据表格中，杜绝拼凑或篡改数据。简要写出数据的处理过程。按标准形式写出实验结果，必要时注明实验条件。作图法处理数据时应按作图规则绘制出合格的曲线；进行数值计算时，要先写出公式，再代入数据，最后得到结果。误差估算也要先写出误差公式，再写出结果。若有观察某现象或验证某些物理规律的内容时，要写出实验结论。

（5）分析讨论。内容不限，可以是分析误差产生的原因和提出减小误差可采取的措施；也可以是对实验中一些现象进行具体的讨论和分析；也可以是做实验的体会与收获或对实验提出改进建议等。

　　实验报告要求用指定的实验报告纸按规定的格式书写,并且字迹工整、文字简练、数据完整、图表规范、结果正确。实验报告和预习报告于下一次实验时一并交指导老师批阅。

3．实验室规则

　　(1) 学生应在规定时间内进行实验,不得无故缺课或迟到。

　　(2) 进行实验时必须严肃认真,不得大声交谈或嬉戏吵闹。

　　(3) 应按编组在指定仪器处进行实验,未经教师同意,不得任意调换他组仪器。

　　(4) 实验前清点仪器及用品,如有短缺或损坏,应及时向教师提出。

　　(5) 实验前,必须认真预习。实验时,首先细心观察仪器构造,了解其使用方法。实验时,应细心谨慎,严格遵守各种仪器、仪表的操作规程及注意事项。尤其是使用电源的实验,线路接好必须经教师检查准许后,方可接通电源,以免发生意外。

　　(6) 实验时必须爱护仪器,注意节约和安全,免使国家财产遭受损失,影响其他学生实验。如有损坏、遗失情况发生,应及时报告教师,并填写损坏报告单。实验完毕,应将实验数据交教师检查,合格后才能拆除实验装置,并将仪器恢复原状,安置整齐,经教师检查签字后,方可离开实验室。

　　(7) 为了保持实验室的整洁,室内不准随地吐痰、抽烟、乱扔纸屑。实验结束后,各班要安排值日生扫地,整理好仪器和桌凳。

1 误差理论及基本测量方法

物理实验不仅定性地观察实验现象,而且需要定量地测量相关物理量。进行测量不可避免地要产生误差。本章介绍有关误差理论和实验数据处理的基本知识。

1.1　测量误差与不确定度

1.1.1　直接测量与间接测量

测量就是将待测物理量与选作计量标准的同类物理量进行比较,并得出其倍数的过程。倍数值称为待测物理量的数值,选作的计量标准称为单位。测量可分为直接测量和间接测量。可以由测量仪器或仪表直接读出测量值的测量,称为直接测量。比如用直尺测量长度、温度计测量温度等。有些物理量无法直接测量,但利用待测量与一些能直接测定的物理量间存在的确定的函数关系,把直接测量的量代入函数中计算出待测量的测量方法称为间接测量。比如测量圆柱体的密度时,密度 ρ 可由几个直接测量值(直径 D、高度 H、质量 m)通过函数 $\rho = \dfrac{4m}{\pi D^2 H}$ 计算得到,这属于间接测量。

1.1.2　等精度测量与不等精度测量

测量可分单次测量和多次测量。通过一次测量测出被测物理量称为单次测量。实际测量多数为多次测量,通过重复测量并以平均值来确定一个物理量大小的测量方法称为多次测量。多次测量分为等精度测量与不等精度测量。在测量条件相同的条件下进行的一系列测量是等精度测量,而在不同测量条件下进行的一系列测量则称为不等精度测量。

1.1.3　测量的误差

1. 真值、绝对误差、相对误差

被测量的量,在确定条件下,总存在一个真实数值,称为真值 a。它是一个理想化的概念,是未知的。

实际的测量值 x 总是与真值有差距。我们把测量结果与被测量的真值之间的差值叫绝对误差,用 δ 表示(许多文献中也常用 Δx 表示)。$\delta = x - a$。

测量的绝对误差与被测量的真值之比叫相对误差,用 E_r 表示,一般用百分比表示:

$$E_r = \frac{\delta}{a} \times 100\% \text{。}$$

绝对误差与相对误差是测量误差的两种表达方法,反映测量结果的准确程度。

2. 系统误差和随机误差

1) 系统误差:对同一物理量进行多次等精度测量时,测量结果总是偏大或偏小,或随

测量条件改变而按某一确定规律变化,这样的误差称为系统误差。

系统误差产生的原因:(1)仪器误差,由仪器本身的缺陷引起,比如天平不等臂、直尺刻度不均、转动轴偏心等。(2)理论误差,由实验所用理论的近似性或实验方法不完善引起,比如伏安法测电阻、单摆测重力加速度等。(3)个人误差。由操作者本人的习惯或偏差引起,比如有人读数总是偏大,有人计时总是偏慢等。

系统误差有其确定的规律性,可以通过适当的测量方法或理论修正去发现和消除。

2) 随机误差:对同一物理量进行多次等精度测量时,每次测量出现的误差的绝对值大小和符号以不可预测的方式发生变化,没有确定的变化规律,这种误差称为随机误差。

随机误差是由于某些偶然的或不确定的因素引起的。单个测量表现出不可预知的随机性;而从总体来看,随机误差服从统计规律,在消除了系统误差且测量次数 $n \to \infty$ 的条件下,服从正态分布。随机误差所具有的特点:(1)单峰性。绝对值小的误差出现的概率大,绝对值大的误差出现的概率小。(2)对称性。大小相等的正误差和负误差出现的概率均等,在真值两侧对称分布。(3)有界性。非常大的正误差或负误差出现的可能性几乎为零。(4)抵偿性。当测量次数非常多时,正误差和负误差相互抵消,于是,误差的代数和趋向于零。

还有一种误差,称为粗差。这是由于某些原因造成实验数据异常所产生的误差,可以通过实验理论、重新测量等方法来作出判断。若确认为粗差,将其删除。

3. 算术平均值与偏差

设在等精度测量和系统误差消除的条件下,重复测得数据为 $x_1, x_2, \cdots, x_n$,根据随机误差的正态分布规律,测量值的算术平均值 $\bar{x}$ 接近真值。当测量次数 $n \to \infty$ 时,$\bar{x}$ 无限接近真值,算术平均值 $\bar{x}$ 按下列公式计算:

$$\bar{x} = \frac{x_1 + x_2 + \cdots + x_n}{n} = \frac{\sum\limits_{i=1}^{n} x_i}{n} \tag{1.1.1}$$

算术平均值并非真值,它比任何一次测量值的可靠性更高,因此也称为真值的最佳值。若某个测量值为 x_i,则 $\varepsilon_i = x_i - \bar{x}$ 称为测量值的偏差(残差)。

4. 测量的精密度、准确度、精确度

根据测量的数据,常用精密度、准确度、精确度来评价测量结果。如果测量的数据之间彼此相差不大,也就是重复性好,则称数据精密度高;数据之间相差大,则精密度低。精密度反映了随机误差大小的程度。如果测量的算术平均值偏离真值较少,则称准确度高;测量数据的算术平均值偏离真值较大,则准确度低。准确度反映系统误差大小的程度。如果精密度和准确度都高,则称精确度高。精确度反映随机误差与系统误差综合大小的程度。

1.1.4 测量不确定度的评定与表示

1. 标准误差

设一个被测量的真值为 a,在等精度条件下重复测量,测量值为 $x_1, x_2, \cdots, x_n$。当测量次数趋于无限大时,定义测量误差的方均根值为标准误差 σ,

$$\sigma = \lim_{n \to \infty} \sqrt{\frac{\sum\limits_{i=1}^{n} (x_i - a)^2}{n}} \tag{1.1.2}$$

大量的实验和统计理论都证明，在绝大多数物理测量中，当重复测量次数足够多时，随机误差 δ_i 服从或接近正态分布（或称高斯分布）规律。正态分布曲线如图1.1.1所示，横坐标为误差 δ，纵坐标为误差的概率密度分布函数 $f(\delta)$。当测量次数 $n \to \infty$ 时，此曲线完全对称。

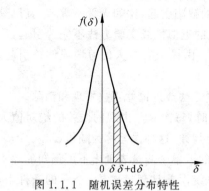

图1.1.1　随机误差分布特性

根据误差理论可以证明函数 $f(\delta)$ 的数学表达式为

$$f(\delta) = \frac{1}{\sqrt{2\pi}\sigma} e^{-\frac{\delta^2}{2\sigma^2}} \tag{1.1.3}$$

测量值的随机误差出现在 $(\delta, \delta+\mathrm{d}\delta)$ 区间内的可能性（概率）为 $f(\delta)\mathrm{d}\delta$，即图1.1.1中阴影的面积。

按照概率理论，误差 δ 出现在区间 $(-\infty, +\infty)$ 的事件是必然事件，因此 $\int_{-\infty}^{+\infty} f(\delta)\mathrm{d}\delta = 1$，即曲线与横轴所包围的面积恒等于1。当 $\delta=0$ 时，由式(1.1.3)得

$$f(0) = \frac{1}{\sqrt{2\pi}\sigma} \tag{1.1.4}$$

由式(1.1.4)可见，若测量的标准误差 σ 很小，则必有 $f(0)$ 很大。由于曲线与横轴间围成的面积恒等于1，所以如果曲线中间凸起较大，则两侧下降较快，相应的测量必然是绝对值小的随机误差出现较多，即测得值的离散性小，重复测量所得的结果相互接近，测量的精密度高；相反，如果 σ 很大，则 $f(0)$ 就很小，误差分布的范围就较宽，说明测得值的离散性大，测量的精密度低。因此，σ 反映的是一组测量值的离散程度。

可以证明，概率 $P(|\delta| < \sigma) = \int_{-\sigma}^{\sigma} f(\delta)\mathrm{d}\delta \approx 68.3\%$，即由 $-\sigma$ 到 σ 之间正态分布曲线下的面积占总面积的68.3%。这就是说，如果测量次数 n 很大，则在所测得的数据中，将有占总数68.3%的数据误差落在区间 $(-\sigma, +\sigma)$ 之内，即所测得的数据中任一个数据 x_i 的误差 δ_i 落在区间 $(-\sigma, +\sigma)$ 之内的概率（置信概率）为68.3%。

也可证明，概率 $P(|\delta| < 3\sigma) = 0.9973 \approx 99.7\%$。由此可知，在1000次测量中，随机误差超过 $\pm 3\sigma$ 范围的测得值大约只出现3次，在一般的几十次测量中，几乎不可能出现。依据这点，可对多次重复测量中的异常数据加以剔除，这称为剔除异常数据的"3σ"准则。它只能用于测量次数 $n > 10$ 的重复测量中，对于测量次数较少的情况，需要采用另外的判别准则。

2. 标准偏差

我们实际的测量是有限次的测量，真值是不可知的，因此实际上估算标准误差一般采用下式（称为贝塞尔公式）进行估算：

$$\sigma_x = \sqrt{\frac{\sum_{i=1}^{n}(x_i - \bar{x})^2}{n-1}} = \sqrt{\frac{\sum_{i=1}^{n}\varepsilon_i^2}{n-1}} \tag{1.1.5}$$

式中，σ_x 称为测量列的标准偏差。

3. 算术平均值的标准偏差

算术平均值也是一个随机变量，在完全相同的条件下，进行不同组的有限次重复测量的

平均值不尽相同,也具有离散性,存在偏差。因此,引入算术平均值的标准偏差,用 $\sigma_{\bar{x}}$ 表示:

$$\sigma_{\bar{x}} = \sqrt{\frac{\sum\limits_{i=1}^{n}(x_i - \bar{x})^2}{n(n-1)}} = \sqrt{\frac{\sum\limits_{i=1}^{n}\varepsilon_i^2}{n(n-1)}} \tag{1.1.6}$$

4. 不确定度

任何测量都不可避免地产生误差。为了给实验结果一个科学的表述,引入了测量不确定度的概念。测量不确定度反映了对被测量真值不能肯定的程度,是与测量结果相关联的参数,用以表征测量结果的分散性和测量值可信赖程度。不确定度和误差是两个不同的概念,它们有着根本的区别,但又是相互联系的。误差用于定性地描述理论和概念的场合,不确定度则用于给出具体数值或定量运算、分析的场合。

测量不确定度按数值评定方法可分为:采用统计方法评定的 A 类不确定度分量 Δ_A 和采用其他方法评定的 B 类不确定度分量 Δ_B。

1) 直接测量结果的表示和不确定度的估计

(1) A 类不确定度

进行有限次测量时,测量误差不完全服从正态分布而是服从 t 分布(也叫学生分布),总不确定度的 A 类不确定度分量为

$$\Delta_A = \frac{t_P}{\sqrt{n}}\sigma_x = t_P\sigma_{\bar{x}}$$

其中,t_P 的值可从专门的数据表中查得(见表 1.1.1),在 $n > 5$ 和 $P = 68.3\%$ 的条件下,可取 $\Delta_A = \sigma_{\bar{x}}$。

表 1.1.1

t_P \\ n ; P	3	4	5	6	7	8	9	10	15	20	∞
0.68	1.32	1.20	1.14	1.11	1.09	1.08	1.07	1.06	1.04	1.03	1.00
0.90	2.92	2.35	2.13	2.02	1.94	1.86	1.83	1.76	1.73	1.71	1.65
0.95	4.30	3.18	2.78	2.57	2.46	2.37	2.31	2.26	2.15	2.09	1.96
0.99	9.93	5.84	4.60	4.03	3.71	3.50	3.36	3.25	2.98	2.86	2.58

(2) B 类不确定度

B 类不确定度不能由统计方法评定。在普通实验里,B 类不确定度一般简化为由仪器引起,即 $\Delta_B = \Delta_仪/C$。$\Delta_仪$ 为仪器的最大允差,由生产厂家或由实验室结合具体测量方法和条件给出;C 为置信系数,在普通物理实验中,除游标读数外,一律假设误差在其分散区间内均匀分布,取 $C = \sqrt{3}$。

(3) 总不确定度

根据国际标准化组织等 7 个国际组织联合发表的《测量不确定度表示指南 ISO 1993(E)》,总不确定度(简称不确定度)可表示为

$$\Delta = \sqrt{\Delta_A^2 + \Delta_B^2} \tag{1.1.7}$$

(4) 直接测量结果的表示

对于多次测量,直接测量结果表示为

$$x = \bar{x} \pm \Delta, \quad \Delta_r = \frac{\Delta}{\bar{x}}$$

x 为被测量，$\bar{x}$ 为被测量的算术平均值，Δ_r 为相对不确定度。

2）间接测量结果的表示和不确定度的合成

设 y 为间接测量量，$x_1, x_2, \cdots, x_n$ 是直接测量量，它们的函数关系为 $y = f(x_1, x_2, \cdots x_n)$，设 $x_1, x_2, \cdots, x_n$ 的不确定度分别为 $\Delta_{x_1}, \Delta_{x_2}, \cdots, \Delta_{x_n}$，则不确定度的合成用下列式子计算：

$$\Delta_y = \sqrt{\left(\frac{\partial f}{\partial x_1}\right)^2 \Delta_{x_1}^2 + \left(\frac{\partial f}{\partial x_2}\right)^2 \Delta_{x_2}^2 + \left(\frac{\partial f}{\partial x_3}\right)^2 \Delta_{x_3}^2 + \cdots}$$

$$\frac{\Delta_y}{\bar{y}} = \sqrt{\left(\frac{\partial \ln f}{\partial x_1}\right)^2 \Delta_{x_1}^2 + \left(\frac{\partial \ln f}{\partial x_2}\right)^2 \Delta_{x_2}^2 + \left(\frac{\partial \ln f}{\partial x_3}\right)^2 \Delta_{x_3}^2 + \cdots}$$

测量结果为 $y = \bar{y} \pm \Delta_y$，$\Delta_{yr} = \frac{\Delta_y}{\bar{y}} \times 100\%$。

在实际测量中，有些量只能进行单次测量，有些量只需单次测量。测量结果的一般表示为

$$x = x_{测} \pm \Delta_B$$

其中，$x_{测}$ 为测量值，Δ_B 为不确定度 B 类分量。

对于随机误差较大的情况，可考虑测量仪器的精度、测量者的实验技巧、测量的条件等，根据测量的具体情况给出合理的估计。

1.1.5 数据处理实例

例 1 利用游标卡尺和天平测圆柱体的密度，实验测量值见表 1.1.2，计算圆柱体密度的测量结果及其不确定度。

表 1.1.2

测量次数	直径 D/cm	高度 H/cm	质量 m/g
1	1.948	8.038	213.03
2	1.944	8.036	213.06
3	1.948	8.038	213.05
4	1.946	8.034	213.05
5	1.948	8.036	213.02
6	1.944	8.038	213.05

解：

（1）由 $\bar{x} = \dfrac{x_1 + x_2 + \cdots + x_n}{n} = \dfrac{\sum\limits_{i=1}^{n} x_i}{n}$ 得平均值：

$$\bar{D} = 1.946 \text{cm}, \quad \bar{H} = 8.037 \text{cm}, \quad \bar{m} = 213.04 \text{g}$$

（2）由 $\varepsilon_i = x_i - \bar{x}$ 计算偏差。

（3）由 $\sigma_{\bar{x}} = \sqrt{\dfrac{\sum\limits_{i=1}^{n} (x_i - \bar{x})^2}{n(n-1)}} = \sqrt{\dfrac{\sum\limits_{i=1}^{n} \varepsilon_i^2}{n(n-1)}}$ 得测量列算术平均值的标准偏差：

$$\sigma_{\bar{x}D}^2 = 0.67 \times 10^{-6}\,\mathrm{cm}^2, \quad \sigma_{\bar{x}H}^2 = 0.47 \times 10^{-6}\,\mathrm{cm}^2, \quad \sigma_{\bar{x}m}^2 = 0.4 \times 10^{-4}\,\mathrm{cm}^2$$

（4）由 $\Delta_A = \sigma_{\bar{x}}$ 得不确定度 A 分量：

$$\Delta_{AD} = \sigma_{\bar{x}D}, \quad \Delta_{AH} = \sigma_{\bar{x}H}, \quad \Delta_{Am} = \sigma_{\bar{x}m}$$

（5）由 $\Delta = \sqrt{\Delta_A^2 + \Delta_B^2}$ 得不确定度：

$$\Delta_{BD} = \Delta_{BH} = \frac{0.002}{\sqrt{3}}\mathrm{cm} = 0.0012\mathrm{cm}, \quad \Delta_{Bm} = \frac{0.02}{\sqrt{3}}\mathrm{g} = 0.012\mathrm{g},$$

$$\Delta_D = \sqrt{\Delta_{AD}^2 + \Delta_{BD}^2} = 1.2 \times 10^{-3}\,\mathrm{cm}$$

$$\Delta_H = \sqrt{\Delta_{AH}^2 + \Delta_{BH}^2} = 1.2 \times 10^{-3}\,\mathrm{cm}$$

$$\Delta_m = \sqrt{\Delta_{Am}^2 + \Delta_{Bm}^2} = 1.2 \times 10^{-2}\,\mathrm{cm}$$

（6）圆柱体的密度平均值：$\bar{\rho} = \dfrac{4\bar{m}}{\pi \bar{D}^2 \bar{H}} = 8.917\mathrm{g/cm}^3$

（7）由 $\dfrac{\Delta_y}{y} = \sqrt{\left(\dfrac{\partial \ln f}{\partial x_1}\right)^2 \Delta_{x_1}^2 + \left(\dfrac{\partial \ln f}{\partial x_2}\right)^2 \Delta_{x_2}^2 + \left(\dfrac{\partial \ln f}{\partial x_3}\right)^2 \Delta_{x_3}^2 + \cdots}$ 得相对不确定度：

$$\Delta_{\rho r} = \frac{\Delta_\rho}{\bar{\rho}} = \sqrt{\left(\frac{\partial \ln \rho}{\partial D}\right)^2 \Delta_D^2 + \left(\frac{\partial \ln \rho}{\partial H}\right)^2 \Delta_H^2 + \left(\frac{\partial \ln \rho}{\partial m}\right)^2 \Delta_m^2}$$

$$= \sqrt{\left(\frac{\Delta_D \times 2}{\bar{D}}\right)^2 + \left(\frac{\Delta_H}{\bar{H}}\right)^2 + \left(\frac{\Delta_m}{\bar{m}}\right)^2}$$

$$= \sqrt{\left(\frac{1.2 \times 10^{-3} \times 2}{1.946}\right)^2 + \left(\frac{1.2 \times 10^{-3}}{8.037}\right)^2 + \left(\frac{1.2 \times 10^{-2}}{213.04}\right)^2}$$

$$= 0.12\%$$

（8）不确定度为：$\Delta_\rho = \Delta_{\rho r} \bar{\rho} = 0.011\mathrm{g/cm}^3$

（9）测量结果为：$\rho = (8.917 \pm 0.011)\mathrm{g/cm}^3$，$\Delta_{\rho r} = 0.12\%$

1.2　有效数字

1.2.1　有效数字的基本概念

正确而有效地表示直接测量以及运算结果的数字称为有效数字。有效数字由可靠数字和可疑数字构成。有效数字的个数为有效位数，与小数点的位置无关，有效数字位数越多，相对误差越小。例如，用米尺测量某物体的长度为 10.34cm，米尺的最小分度是 mm，那么最后一位"4"为可疑数字，"10.3"为可靠数字，有 4 位有效数字。

1.2.2　有效数字的读数

实验中测量仪器多种多样，我们必须掌握正确的读数方法。一般读数应该读到最小分度值以下再估读一位，数字式仪表则直接按显示的数据读数。

1.2.3　"0"问题

"0"可处于非"0"数字的前面、中间或后面，例如：0.0012m、10.12cm、12.10cm 是用最小分度为 mm 的米尺测得的 3 个数据,其中,0.0012m 前面的"0"为非有效数字;10.12cm 中间的"0"为有效数字;12.10cm 后面的"0",当读数时,测量值恰好为整数,则必须读到"0"补到"可疑位",这个"0"为有效数字。尤其需要注意,不能因为单位的变化而改变有效数字的位数。例如,测量值为 50.23g,不能写成 50230mg,而要采用科学记数法,表示为 5.023×10^4 mg。

1.2.4　科学记数法

对于数值很大或很小的数据,借助 10 的方幂来表示,一般使小数点在第一个有效数字后,10 的方幂前面的数字为有效数字。如 2.36×10^6 m,2.36 为 3 位有效数字。

1.2.5　有效数字的运算规则

有效数字包含可靠数字和可疑数字,有效数字的运算按下列原则进行:可靠数字之间进行四则运算得到的仍为可靠数字,可疑数字与可靠数字、可疑数字与可疑数字之间的运算得到的仍为可疑数字,结果保留一位可疑数字。

1. 加减运算

加减运算结果的有效数字的最后一位与参与运算数据中最高的可疑数字位数对齐。例如("—"表示可疑数字),

$$
\begin{array}{r}
32.\underline{1} \\
+\ \ 4.2\underline{1} \\
\hline
36.3\underline{1}
\end{array}
$$

有效数字为 36.3

$$
\begin{array}{r}
32.\underline{3} \\
-\ \ 4.2\underline{2} \\
\hline
28.0\underline{8}
\end{array}
$$

有效数字为 28.1

2. 乘除运算

乘除运算结果的有效数字位数和参与运算各量中有效数字位数最少的相同(有时,积可能比此法多一位,商可能少一位)。例如,

$$
\begin{array}{r}
2\ 3.\underline{7} \\
0.1\ 3\,\sqrt{3.0\underline{9}} \\
\underline{2\ 6\ \ } \\
4\underline{9} \\
\underline{3\underline{9}} \\
1\ 0\underline{0} \\
\underline{\ \ 9\underline{1}} \\
\underline{9}
\end{array}
$$

$$
\begin{array}{r}
32.\underline{3} \\
\times\ \ 2.\underline{1} \\
\hline
3\ 2\underline{3} \\
6\ 4\underline{6}\ \ \\
\hline
6\ 7.8\underline{3}
\end{array}
$$

有效数字为 68

有效数字为 24

3. 乘方、开方运算

乘方、开方运算最后结果的有效数字位数一般取与底数的有效数字位数相同,例 45.6 有三位有效数字,则乘方、开方后还取三位有效数字。

4. 指数,对数、三角函数运算

运算结果的有效位数,可由改变量确定。例如

$$\lg 7.356 = 0.8666417\cdots$$

$$\lg 7.357 = 0.86670076\cdots$$

从两运算结果看,小数点后第四位产生了差别,那么取 lg7.356＝0.8666。

5. 常数 π、e 等的有效数字

这些有效数字可比实验量多取一位进行计算。

6. 测量结果的表述

测量结果的完整表示应包括所测物理量的平均值、不确定度和单位,表示形式为

$$y = \bar{y} \pm \Delta_y, \quad \Delta_{yr} = \frac{\Delta_y}{y} \times 100\%$$

1)Δ_y 一般只取一位有效数字。当 Δ_y 的第一位数字为 1、2、3 时可取两位有效数字。

2)不确定度尾数的确定采用"只入不舍"的方法。例如,$\Delta_y = 0.2341$,则结果可写为 $\Delta_y = 0.24$。

3)测量结果 $\bar{y}$ 的有效数字位数应按其最后一位数字与 Δ_y 的有效数字位对齐为原则来确定。其尾数按"小于 5 舍,大于 5 进,等于 5 凑偶"的原则进行取舍。例如,若测量结果的计算数值 $\bar{y} = 1.53548$,不确定度的计算数值 $\Delta_y = 0.054247$,则结果为 $y = 1.54 \pm 0.06$。

4)Δ_{yr} 用两位数的百分数表示。

1.3　实验数据处理的基本方法

用简明而又科学的方法,把数据进行记录、整理、计算、分析,从中找出内在规律或最佳结果,这就是数据处理。数据处理有很多方法,下面介绍几种常见的处理方法。

1.3.1　列表法

列表法是最常用的数据处理方法,它将实验数据按某种规则、次序列成表格,来简单、清晰、条理地表达数据。通过列表,便于对数据检查、对比、分析、计算,发现实验中存在的规律。

数据表格没有统一的格式,要根据实际情况设计,一般包括三个区域:表头、表格和说明。

(1)表头:在表格的最上方,主要是表格的名称,其次可加编号、实验日期、实验人等。

(2)表格:从左到右或从上到下体现数据关系,数据的左端和上端注明物理量的名称、符号、单位、数量级等。

(3)说明:写在表格的下方,说明需要强调和解释的内容。比如表格中自定义的符号、数据来源等。

1.3.2　作图法

作图法是把一系列数据在坐标系上描点,画出平滑曲线的数据表示方法,它可以直观地表示出测量量之间的变化关系。从图线形状上,可观察到数据之间的变化规律,找到对应的函数关系和函数的特点(最大值、周期性、转折点等),通过连接测量点之间的连线(内插法)和连线向两侧的延伸(外推法),能获得未观测点的数值。通过分析图线和测量数据点的分

布,可观测到数据的误差情况,有时也可以发现数据测量的错误情况。

作图的一般步骤是:

(1) 选择坐标纸:根据函数关系选用不同形式的坐标纸(比如普通坐标纸,对数坐标纸)。

(2) 确定坐标原点的位置:原点不一定都是从零开始,要根据实际数据情况选择。

(3) 画坐标轴:选择合适比例,最好是准确数字在图上能准确表示,可疑数字在图上也是估计的,写出轴代表的量、符号、单位,使得做出的图形整体分布合理,美观大方。

(4) 标点:根据实验数据在图上标点,并取相应的符号标出各点的坐标。

(5) 连线:根据要求连接不同的曲线,要求曲线光滑,而且使数据点均匀分布在曲线两侧。

(6) 图名:根据所作曲线,在下面写出明确的图名。

1.3.3 图解法

根据已作好的实验曲线,应用解析几何的知识,求解图线上的各种参数,得到曲线方程及经验公式的方法,称为图解法。当图线为直线时,用图解法极为方便,但实际情况多数物理量之间的关系不一定是线性的,可以根据几何知识判断图线的类型,通过适当的数学变换,使其变为线性关系,即曲线改直。

例 1 $y' = a'(x')^{b'}$,a'、b' 为常量,两边取对数,得到 $\lg y' = b' \lg x' + \lg a'$,令 $y = \lg y'$,$b = b'$,$x = \lg x'$,$a = \lg a'$,得 $y = bx + a$,为线性关系。

例 2 $x'y' = c + ax'$,c,a 为常量,令 $y = y'$,$x = \dfrac{1}{x'}$,$b = c$,得 $y = bx + a$,为线性关系。

曲线改直后,在直线上取两点 $A(x_1, y_1)$,$B(x_2, y_2)$(A、B 两点之间有适当距离,非原始数据),代入直线方程 $y = bx + a$,可求得斜率 b、截距 a:

$$a = \frac{x_2 y_1 - x_1 y_2}{x_2 - x_1}, \quad b = \frac{y_2 - y_1}{x_2 - x_1}$$

1.3.4 线性拟合

将实验结果用作图法表示比较直观,但比较粗略。而且基于图线的图解法所确定的实验方程和系数也会由于绘图引入附加误差。为了克服这些缺点,通常采用更严格的数学解析方法,从一组实验数据中找出一条最佳的拟合直线或曲线。我们只讨论一元线性拟合,多元线性拟合与非线性拟合,可在需要时查阅有关材料。

最小二乘法线性拟合是最常用的线性拟合方法之一。其原理为:若能找到最佳的拟合直线,那么测量值与这条拟合直线上各对应点的平方和,在所有的拟合直线中应该最小。

设有两个变量 x、y 之间满足关系 $y = a + bx$,等精度测量数据为 $(x_1, x_2, \cdots, x_n)$,$(y_1, y_2, \cdots, y_n)$,则有

$$y_1 - a - bx_1 = \varepsilon_1$$
$$y_2 - a - bx_2 = \varepsilon_2$$
$$\vdots$$
$$y_n - a - bx_n = \varepsilon_n$$

由最小二乘法线性拟合的原理：

$$\sum_{i=1}^{n} \varepsilon_i^2 = \sum_{i=1}^{n} (y_i - a - bx_i)^2 \text{ 为最小}$$

即

$$\frac{\partial \left(\sum \varepsilon_i^2 \right)}{\partial a} = 0, \quad \frac{\partial \left(\sum \varepsilon_i^2 \right)}{\partial b} = 0$$

$$\sum y_i - na - b \sum x_i = 0$$

$$\sum x_i y_i - a \sum x_i - b \sum x_i^2 = 0$$

从以上各式可得

$$a = \frac{\sum (x_i y_i) \sum x_i - \sum x_i^2 \sum y_i}{\left(\sum x_i \right)^2 - n \sum x_i^2}$$

$$b = \frac{\sum x_i \sum y_i - n \sum (x_i y_i)}{\left(\sum x_i \right)^2 - n \sum x_i^2}$$

上述线性拟合是否恰当，通常可用相关系数 r 来判断。相关系数计算式为

$$r = \frac{n \sum (x_i y_i) - \sum x_i \sum y_i}{\sqrt{\left[n \sum x_i^2 - \left(\sum x_i \right)^2 \right] \left[n \sum y_i^2 - \left(\sum y_i \right)^2 \right]}}$$

r 反映了数据的线性相关程度，可以证明 $|r| \leqslant 1$。$r > 0$ 时为正相关；$r < 0$ 时为负相关；$r = 0$ 称为不相关；$r = \pm 1$ 表示完全线性相关。

1.3.5　逐差法

逐差法就是把实验测量数据分成高低两组，充分利用等间距的测量数据，使全部数据参与运算，最大限度地保持多次测量的优越性，减少随机误差。

设 $y = a + bx$，测量的数据为

$$(x_1, x_2, \cdots, x_n; x_{n+1}, x_{n+2}, \cdots, x_{2n}), (y_1, y_2, \cdots, y_n; y_{n+1}, y_{n+2}, \cdots, y_{2n})$$

则

$$b = \frac{\overline{\Delta y}}{\overline{\Delta x}}$$

如果

$$\overline{\Delta y} = \frac{\sum_{i=1}^{2n-1} (y_{1+i} - y_i)}{2n-1} = \frac{y_{2n} - y_1}{2n-1}, \quad \overline{\Delta x} = \frac{\sum_{i=1}^{2n-1} (x_{1+i} - x_i)}{2n-1} = \frac{x_{2n} - x_1}{2n-1}$$

结果只有第一个数据和最后一个数据参与运算，则失去了多次测量的优越性。

如果

$$\overline{\Delta y} = \frac{\sum_{i=1}^{n} (y_{n+i} - y_i)}{n}, \quad \overline{\Delta x} = \frac{\sum_{i=1}^{n} (x_{n+i} - x_i)}{n}$$

这样则充分利用了多次测量的优越性，全部测量数据都参与了运算，达到了多次测量取平均，减小误差的目的。

1.4 物理实验的基本测量方法

1.4.1 补偿法

当系统受到某一作用时会产生某种效应，在受到另一同类作用时，又产生了一种新效应，两种效应互相抵消，系统回到初始状态，称为补偿。如原处于平衡态的天平，在左盘上放上重物后，在重力作用下，天平臂发生倾斜，当在右盘上放上与该重物同质量的砝码后，在砝码的重力作用下，天平将发生反向倾斜，天平又回到平衡态。这是砝码的重力补偿了重物重力的结果。运用补偿思想进行测量的方法称补偿法。实验2.9即是利用了该测量方法。

1.4.2 放大法

1. 机械放大

利用丝杠、鼓轮、涡轮和蜗杆制成的螺旋测微计和迈克耳孙干涉仪的读数细分结构，可让读数精密度大为提高。

2. 视角放大

利用放大镜、显微镜和望远镜的视角放大作用，可增大物对眼的视角，使人眼能看清物体，提高测量精密度。如果配合读数细分结构，测量精密度将更高，光学仪器中的测微目镜、读数显微镜，就利用了这种原理。

3. 角放大

根据光的反射定律，若入射于平面反射镜的光线方向不变，当平面镜转过 θ 角时，反射光线将相对原反射光线方向转过 2θ 角，每反射一次便将变化的角度放大一倍。并且光线相当于一只无质量的长指针，能扫过标度尺的很多刻度。由此构成的镜尺结构，可使微小转角得以放大显示。光杆、冲击电流计、复射式光点电流计的读数系统就是根据此原理制成的。

1.4.3 模拟法

模拟就是用对某种模型的观察和研究来代替对实际对象的分析。这种方法的优点是可以用一种较易观察和处理的现象来模拟另一种难以观察实验的物理现象。如稳恒电场和某些力学问题的运动方程有相同的数学形式，只要保持两者的边界值的相似性，就可以用测量电势来了解实验应力的分布，这种方法称为电模拟。又如，利用物理上的相似性原理，在满足几何相似和力学相似的条件下，可以把飞机缩小成模型放在风洞实验中来获得飞机原型实验的许多重要特性，这种方法称为相似性模拟。在计算机技术迅速发展的今天，采用适当的数学模型，还可以把一个物理系统用一个计算机程序来代替，从而在计算机上进行实验。这种方法则被称为计算机模拟。实验2.11、实验2.14即利用了模拟测量方法。

1.4.4 平衡测量法

1. 力学平衡法

力学平衡是一种最为简单、直观的平衡，天平就是根据力学平衡原理设计的。

2. 电学平衡法

电学平衡是指电流、电压等电学量之间的平衡。如在单臂电桥达到平衡时,检流计无电流流过时,桥臂中电流完全相同。桥路中的电阻值之间有简单的关系,利用这一关系可以方便地测量中值电阻。

3. 稳态测量法

在物理测量中,稳态和动态属于系统变化的平衡和不平衡。当系统达到并保持稳定状态时,其各项参数稳定不变,这为准确测量提供了极大方便。因此,稳态法也是平衡法在物理测量中的具体应用,是物理实验中经常采用的测量方法。例如,在测定不良导体的热传导系数时,只有在稳定条件下,才满足导热速率等于散热速率这一关系。

1.4.5　振动与波动方法

1. 李萨如图法

两个振动方向互相垂直的振动可合成为新的运动图像,图像因振幅或频率相位的不同而不同,此图称为李萨如图。利用李萨如图可测频率或相位差等。李萨如图通常用示波器显示。实验 3.1 即为一个应用实例。

2. 共振法

一个振动系统受到另一系统周期性的激励,若激励系统的激励频率与振动系统的固有频率相同,振动系统将获得最多的激励能量,此现象称为共振。共振现象存在于自然界的许多领域,如机械振动、电磁振荡等。共振频率往往与系统的一些重要物理特性有关,而频率测量可以达到很高的准确度,因此共振法在频率和物理量的转换测量中有着重要的应用。实验 2.5 应用了共振法进行测量。

3. 驻波法

驻波是入射波与反射波叠加的结果,机械波、电磁波均会产生驻波。由于驻波有稳定的振幅分布,测量比较容易,故常用驻波法测量波的波长。还可以通过测出频率,获得波的传播速度。实验 3.1 为一个应用实例。

1.4.6　光学实验方法

1. 干涉和衍射法

在精密测量中,以光的干涉原理为基础,利用测量干涉条纹明暗交替的间距来实现对微小长度、微小角度、透镜曲率、光波波长等的测量。双棱镜干涉、牛顿环干涉等实验即为干涉测量,迈克耳孙干涉仪即为典型的干涉测量仪器。在光场中置一几何尺寸与入射光波长相当的障碍物(狭缝、细丝、小孔、光栅等)在其后方将出现衍射图案。通过对衍射图案的测量与分析,便可定出障碍物的大小。例如,利用射线在晶体中的衍射,可以进行物质结构分析。

2. 光谱法

分光元件能够将发光体发出的光分解为分立的、按波长排列的光谱。光谱的波长和强度等参量给出了物质结构的信息。

1.4.7 换测法

根据物理量之间的各种效应和定量函数关系,利用变换原理进行测量的方法即为换测法。换测法又可分为参量换测法和能量换测法等。

1. 参量换测法

利用各种参量在一定实验条件下的相互关系及其变化规律来实现待测量的变换测量,称为参量换测法。例如,测定钢丝的杨氏模量 E,利用应变与应力成线性变化的规律,将待测量 E 用杨氏模量测定仪转换成对应变量 $\Delta L/L$ 与应力量 F/S 的测量,通过测量 L、ΔL、F、S 以 $E = (F/S)/(\Delta L/L)$ 求出待测量。参量换测法不但是常用的物理实验方法,而且日益广泛地应用于实用技术中,如弹簧秤、利用电振动或机械振动的频率计时等。

2. 能量换测法

科学实验表明,电测方法具有控制方便,反应速度快,灵敏度高且能进行自动记录和动态测量等种种优越性。这就使人们想到研究如何应用物理原理,以电测方法来测量一些非电物理量,如力学中的力、位移,热学中的温度、压力、流量,光学中的强度、功率等,因此就产生了电测非电量的实验方法。该类实验的关键是传感器。传感器实际上是一种换能器,它利用物理量间存在各种效应与关系,把被测的非电量转换成电量,然后把获得的被测信息作为测量电路的输入信号,在测量电路中进行放大,最后通过检波传输比较和记录求得待测非电物理量。所以,能量换测法,就是利用传感器,将一种形式的能量转换成另一种形式能量的测量方法。

3. 压电换测

通过压力与电势间的变换进行测量称为压电换测。某些介质当受到沿着一定方向的外力作用而发生形变时,内部就产生极化现象,在其两个端面上分别聚集极性相反的两种电荷,出现电势差;当外力撤去后,它又恢复成不带电时的状态,此现象称为压电效应。利用压电效应可以制备出压电传感器。压电传感器不仅可以实现对各种力的测量,且可以使那些最终能转变为力的物理量实现非电量测量。实验 2.7、实验 3.1 即利用了压电换测法。

4. 热电换测

热电换测是将热学量转成电学量再进行测量的一种方法。例如,箱式电位差计应用实验中的热电偶,将温度测量转换成温差电动势的测量,其中热电偶就是热能转变成电势能的传感器。可见热电换测是借助于热电式传感器,用传感元件的电磁参数随温度变化的特性来实现测量要求的。热电阻、热敏电阻和热电偶就是典型的热电式传感器,可以用来测量诸如温度、浓度、密度、速度等物理量。实验 2.10、实验 2.15、实验 4.8 即是利用了热电换测法。

5. 磁电换测

磁感应强度-电压的转换,可用通过霍尔元件实现。霍尔元件是用半导体材料制成的片状物,若把它垂直放置于 z 方向的磁场中,在其内部沿 x 方向通以电流,则在 y 轴方向将有极性相反的电荷积累。元件两端出现电势差,其大小和方向与材料、电流大小及磁感应强度有关,此效应称霍尔效应。实验2.12、实验2.13则利用了霍尔元件传感器。

6. 光电换测

通过光学量的变化转换为电学量变化的测量称为光电换测,能够将光学量转换为电学量的器件称为光电传感器,光电传感器的原理是光电效应。因为其原理不尽相同,光电效应又可以分为外光电效应、内光电效应和光生伏特效应。利用外光电效应做成的光电传感器件有真空光电管、光电倍增管等。在入射光作用下,物体能够在一定方向上产生电动势的现象称为光生伏特效应。常用的光生伏特效应器件是光电池,光电池可以把光能直接转变为电能,故可以用作电源。当光入射到半导体上时,会产生内光电效应。利用内光电效应做成的半导体光电传感器件有光敏三极管。各种光电转换器件在实验测量和控制系统中得到广泛的应用,例如用于光通信系统等。

1.5 物理实验基本操作规则

1.5.1 光学实验操作规则

光学类仪器的核心部件是光学元件,如各种透镜、棱镜、反射镜、分划板等。对它们的光学性能(如表面光洁度、平整度、透射率等)都有一定的要求。光学元件极易损坏,例如,破坏、磨损、污损、发霉、腐蚀等。由于以上原因,因此,光学仪器在使用和维护时必须遵守下列规程:

1) 仪器应轻拿、轻放,勿受震动,不准用手触摸仪器的光学表面。必要时只能接触非光学表面部分,即磨砂面,如透镜的边缘、棱镜的上下底面等。

2) 光学表面若有轻微的污痕或指印,可用特制的镜头纸或清洁的麂皮轻轻地拂去,不能加压力擦拭,更不准用手、手帕、衣服或其他纸片擦拭。若表面有较严重的污痕,请管理人员用乙醚、丙酮或酒精等清洁(镀膜面不宜清洗)。

3) 光学表面如有灰尘,可用实验室专备的、干燥的脱脂软毛笔轻轻掸去或用橡皮球将灰尘吹去,切不可用其他任何物品揩拭。

4) 除实验规定外,不允许任何溶液接触光学表面。

5) 在暗室中应先熟悉各种仪器用具安放的位置。在黑暗环境下接触仪器时,手应贴着桌面,动作要轻缓,以免碰倒或带落仪器。

6) 仪器用毕,应放回箱内或加罩,防止玷污尘土。仪器箱内应放置干燥剂,以防仪器受潮和玻璃面发霉。

7) 光学仪器装配很精密,拆卸后很难复原,因此严禁私自拆卸仪器。

8) 使用氦-氖激光器做光源时,眼睛不可以直接向激光光束传播方向凝视。

1.5.2 电学实验操作规则

在电学实验的操作过程中,为了保证人身安全,防止仪表和仪器的损坏,在讲课前老师要先进行安全教育,采取具体的安全操作措施,使每位学生严格遵守用电操作规程,从而顺利地完成每次实验。学生操作和使用时必须遵守下列规程:

1) 熟悉实验室的直流与交流电源,了解其电压、电流额定值和控制方式,区分直流电源的正负极和交流电源的相线与中性线。结合实验原理仔细分析电路，了解实验仪器仪表的规格、型号、使用方法，特别要注意额定值和量限。

2）合理布置仪器，正确连接线路。实验时，要在理解电路的基础上，考虑安全、操作和读数方便，先安排好仪器再接线路。接线时，先连主回路，再连其他部分，电源先不要接入，开关也要断开。

3）电路连好后要仔细检查电路连接是否正确，各变阻器要调至安全位置，限流器的阻值调到最大，分压器要调到输出电压最小的位置，不知电压电流大致数值时应使用电表最大量程，检流计的保护电阻应调至最大阻值，各仪表的正负端要连接正确。

4）接通电源，合开关时应采用跃接法（轻合开关立即断开），同时观察各仪表是否正常。一切正常时再紧合开关，开始实验。

5）实验时一定要爱护仪器和注意安全。在教师未讲解，未弄清注意事项和操作方法之前不要乱动仪器。不管电路中有无高压，要养成避免用手或身体直接接触电路中导体的习惯。

6）实验中不得用手触摸线路中带电的裸露导体。改、拆线路时应断开电源，大电容应用导线短接放电。

7）实验做完，应将电路中仪器旋钮拨到安全位置，断开开关。经教师检查原始实验数据后再拆线，拆线时应先拆去电源，最后将所有仪器放回原处。

习题

1. 在括号里写出有效数字的位数：

(1) $l=0.001\text{cm}$（　　）　　　　　　(2) $t=1.002\text{s}$（　　）

(3) $R=3.56\times10^3\Omega$（　　）　　　(4) $\lambda=0.000\ 055\ 50\text{mm}$（　　）

(5) $m=1.00\text{kg}$（　　）

2. 由有效数字运算规则进行计算：

(1) $x=12.45, y=23.4,\ z=x+y=$_____

(2) $x=12.45, y=23.4,\ z=x-y=$_____

(3) $x=12.45, y=23.4,\ z=xy=$_____

(4) $x=12.45, y=23.4,\ z=x/y=$_____

3. 计算下列函数有效数字的结果：

(1) $x=8.65, \ln x=$_____　　　(2) $x=8.56, \sqrt{x}=$_____

(3) $x=7.68, \text{e}^x=$_____　　　　(4) $x=0.3645, \sin x=$_____

4. 计算测量结果平均值时，得到下列数字，请将下列数字写成 3 位有效数字（小于 5 舍，大于 5 进，等于 5 凑偶）：

(1) 3.252　　　(2) 6.335　　　(3) 6.345　　　(4) 1.326

5. 什么是绝对误差、相对误差、标准偏差、不确定度？

6. 测量圆柱体的密度，并计算其平均值、标准偏差和不确定度。

2 基础性实验

2.1 基本仪器的使用

2.1.1 实验目的

1. 掌握游标卡尺和螺旋测微器的原理。
2. 学会游标卡尺、读数显微镜、螺旋测微器和电子天平的正确使用方法。
3. 学习记录测量数据、掌握数据处理及不确定度的计算和实验结果的表示方法。

2.1.2 实验仪器

游标卡尺、螺旋测微器、读数显微镜、电子天平、金属丝、金属圆孔、铜柱体。

2.1.3 实验原理

1. 游标卡尺构造及读数原理

游标卡尺是用于测量物体的内径、外径、长度和深度等尺寸的仪器,其构造如图 2.1.1 所示。主尺 D 是一根具有毫米分度的直尺,主尺头上有钳口 A 和刀口 A'。D 上套有一个滑框,其上装有钳口 B 和刀口 B' 及尾尺 C,滑框上刻有附尺 E,又称游标。当钳口 A 与 B 靠拢时,游标的 0 线刚好与主尺上的 0 线对齐,这时读数是 0。测量物体的外部尺寸时,可将物体放在 A、B 之间,用钳口夹住物体,这时游标 0 线在主尺上的示数,就是被测物体的长度。同理,测量物体的内径时,可用 A'、B' 刀口;测孔眼深度和键槽深度时可用尾尺 C。

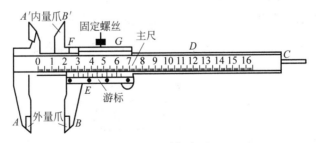

图 2.1.1　游标卡尺

游标卡尺的使用与读数原理:利用游标和主尺可以直接较准确读出数值。在 10 分度的游标中,总长度刚好与主尺上 9 个最小分度的总长度相等,这样每个分度的长是 0.9mm,每个游标分度比主尺的最小分度短 0.1mm。当游标 0 线对在主尺上某一位置时,如图 2.1.2 所示,毫米以上的整数部分 y 可以从主尺上直接读出,$y=11$mm;获取毫米以下的小数部分 Δx 时,应读取游标与主尺对得最齐的那一条刻线,如图 2.1.2 中所示,游标上第 6 条刻线对齐,所以 $\Delta x = 6 - 6 \times 0.9 = 0.6(\text{mm})$,从而总长 $l = y + \Delta x = 11 + 0.6 = 11.6(\text{mm})$。

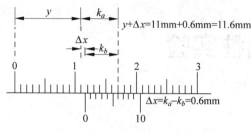

图 2.1.2　读数原理

为了提高精度,还可用 20 分度和 50 分度的游标,它们的原理和读数与 10 分度的方法相同。如果用 a 表示主尺上最小分度的长度,b 表示游标上最小分度的长度,用 n 表示游标的分度数,并且使 n 个游标分度与主尺 $n-1$ 个分度的总长相等,则每个游标分度的长度为

$$b = \frac{(n-1)a}{n} \tag{2.1.1}$$

则主尺最小分度与游标最小分度的长度差值为

$$a - b = a - \frac{(n-1)a}{n} = \frac{a}{n} \tag{2.1.2}$$

测量时,如果游标第 k 条刻线与主尺上的刻线对齐,那么游标线与主尺左相邻刻线的距离

$$\Delta x = ka - kb = k(a-b) = k\frac{a}{n} \tag{2.1.3}$$

根据式(2.1.3)可知,对于任何一种游标,只要清楚它的分度值与主尺最小分度的长度,就可以直接利用它来读数。

2. 螺旋测微器构造及读数原理

螺旋测微器是比游标卡尺更精密的长度测量仪器,又称千分尺。常见的一种如图 2.1.3 所示,其主要部分是测微螺旋。测微螺旋是由一根精密的测微螺杆和螺母套管(其螺距是 0.5mm)组成。测微螺杆的后端还带有一个 50 分度的微分筒,相对于螺母套管转过一周后,测微螺杆就会在螺母套管内沿轴线方向前进或后退 0.5mm。同理,当微分筒转过一个分度时,测微杆就会前进或后退 $\frac{1}{50} \times 0.5 = 0.01(\text{mm})$。为了精确读出测微杆移动的数值,

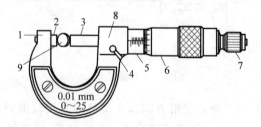

图 2.1.3　螺旋测微器

1—尺架；2—测砧；3—测微螺旋；4—锁紧装置；5—固定套筒；

6—微分筒；7—棘轮；8—螺母套管；9—被测物

在固定套筒上刻有毫米分度标尺,水平横线上、下两排刻度相同,并相互均匀错开,因此相邻一上一下刻度之间的距离为 0.5mm。

螺旋测微器的使用与读数:当转动螺杆使测砧测量面刚好与测微螺杆端面接触时,微分筒锥面的端面就应与固定套筒上的 0 线对齐。同时,微分筒上的 0 线也应与固定套筒上的水平准线对齐,这时的读数是 0.000mm,如图 2.1.4(a)所示。测量物体时,应先将微分筒沿逆时针方向旋转,将测微螺杆退开,把待测物体放在测砧和螺杆之间。然后轻轻沿顺时针方向转动棘轮,当听到"喀喀"声时即停止。这时固定在套筒的标尺和微分筒锥面分度上的示数就是待测物体的长度。读数时,从标尺上先读整数部分(有时读到 0.5mm),从微分筒分度上读出小数部分,估计到最小分度的十分位,然后两

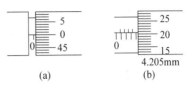

图 2.1.4 读数原理

者相加。例如,图 2.1.4(b)所示应读作 4.5+0.205=4.205(mm)。由此可见,螺旋测微器可以准确读到 1/100mm,所以,它是比游标卡尺更为精密的测量工具。

3. 读数显微镜构造及读数原理

读数显微镜是精密测量长度的仪器,它将显微镜和螺旋测微装置结合起来,用于测量一些微小长度或无法接触测量的物体的长度,如毛细血管的内径、狭缝的宽度等。

读数显微镜主要由 3 部分组成(图 2.1.5):低放大倍数的显微镜、微小测量长度部分(多分度的游标或螺旋测微器)和机械部分。显微镜装在一个由丝杆带动的镜筒支架上,这个支架连同显微镜安装在底座支架上。物镜通过调焦手轮 3、测微手轮 12 上下左右移动。底座上设有玻璃平台和压紧弹簧,可放置被测物体,底座中间装有平面反光镜 9。测微手轮 12 同螺旋测微器的微分筒一样,均匀刻有 100 个分度,转动测微手轮 12 可以带动显微镜沿标尺 13 左右移动,标尺的最小分度为 1mm。测微手轮转动一周,显微镜沿标尺移动 1mm,

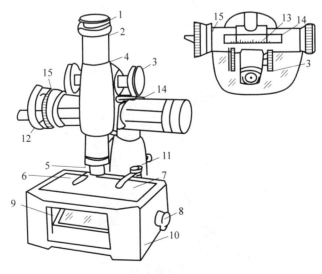

图 2.1.5 读数显微镜

1—目镜;2—锁紧圈;3—调焦手轮;4—镜筒支架;5—物镜;6—压紧片;7—台面玻璃;8—手轮;
9—平面镜;10—底座;11—支架;12—测微手轮;13—标尺指示;14—标尺;15—测微指示

手轮转动一个分度，移动的微小距离为 1/100mm，故可以准确读出 1/100mm，估读到 1/1000mm。有的读数显微镜测微手轮 12 上没有分度，而用 50 或 100 分格的游标代替标尺指示线。

读数显微镜的使用方法：

（1）按要求将物镜对准待测物体。

（2）调节显微镜的目镜到可清楚看到叉丝为止。

（3）旋转手轮，调节显微镜的焦距，使待测物体成像清楚。

（4）转动目镜，使叉丝竖线与待测物体的一个端面平行，并旋转测微手轮，使叉丝竖线与端面边线重合（或与待测的孔径一点相切），并记下标尺的数值 L_1。读数方法与螺旋测微器或游标尺相同。继续旋转测微手轮 12，使叉丝竖线与待测物体另一端面边线重合（或与待测孔径对称的另一点相切），并读出标尺指示的数值 L_2。两次读数之差 ΔL，即为待测物体的长度（或孔径的大小）。

4. 电子天平构造及读数原理

电子天平是根据电磁力平衡原理制备的最新一代测量质量的天平。称量全过程不需要砝码，放上被称物直接读数，具有称量速度快、精度高、使用寿命长、性能稳定、操作简便和灵敏度高等特点，其应用越来越广泛，已逐步取代机械天平。

电子天平的结构如图 2.1.6 所示。其称量原理为：秤盘通过支架连杆与一线圈相连，该线圈置于固定的永久磁铁之中，当线圈通电时自身产生的电磁力与磁钢磁力作用，产生向上的作用力，该力与称盘中称量物的向下重力达到平衡时，此线圈通入的电流与该物重力成正比，利用该电流大小可计量称量物的重量，其线圈上电流大小的自动控制与计量是通过该天平的位移传感器、调节器及放大器实现的。当盘内物重变化时、与盘相连的支架连杆带动线圈同步下移，位移传感器将此信号检出并传递，经调节器和电流放大器调节线圈电流大小，使其产生向上之力推动称盘及称量物恢复原位置为止，重新达到线圈电磁力与物重力平衡，此时的电流可计量物重。

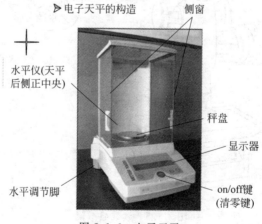

图 2.1.6　电子天平

电子天平的使用与读数。

（1）水平调节：调整水平调节脚，使水平仪内气泡位于圆环中央。

（2）开机：接通电源，轻按"on/off"键，当显示器显示"0.0000g"时，电子称量系统自检过程结束。

（3）称量：将被称物放于秤盘中央，并关闭天平侧门，待显示器显示稳定的数值，此数值即为被称物的质量值。

（4）关机：称量完毕，按"on/off"键，关闭显示器，此时天平处于待机状态，若当天不再使用，应拔下电源插头。

2.1.4　实验内容及步骤

1. 用螺旋测微器测量金属丝直径，不同位置测量 6 次，计算其不确定度，并按标准形式写出测量结果。

2. 用读数显微镜测量金属圆孔直径，重复测量 6 次，计算其不确定度，并按标准形式写出测量结果。

3. 利用游标卡尺和电子天平分别测量铜圆柱体的高、直径和质量，各参数分别测量 6 次，计算铜圆柱体密度的不确定度，并按标准形式写出测量结果。

2.1.5　注意事项

1. 使用游标卡尺要注意：（1）游标卡尺使用前，首先要校正 0 点。若钳口 A、B 接触时，游标 0 线与主尺 0 线不重合，应找出修正量，然后再使用。（2）测量过程中，要特别注意保护钳口和刀口，只能轻轻地将被测物卡住。不能测量粗糙的物体，不准将物体在钳口内来回移动。

2. 使用螺旋测微器测量长度时必需注意以下几点：（1）必须先校正 0 点。当旋转棘轮，使两个测量端面接触时，若所示数值不为 0，一定要找出修正量，然后再进行测量。（2）测量过程中，当测量面与物体之间的距离较大时，可以旋转微分筒去靠近物体。当测量面与物体间的距离甚小时，一定要改用棘轮，使测量面与物体轻轻接触，否则易损伤测微螺杆，降低仪器准确度。（3）测量完毕应使测量面之间留有空隙，以防止因热膨胀而损坏螺纹。

3. 使用读数显微镜要注意以下事项：（1）测量前应将各紧固手轮旋紧，以防止发生意外。（2）测量长度时，显微镜移动方向应和待测长度平行。（3）在同一次测量中，测微手轮必须恒向一个方向旋转，以避免倒向产生回程误差。

4. 电子天平使用时注意：（1）首先通电必须预热 30min 以上，平时保持天平一直处于通电状态。关机时按"on/off"键，不要直接拔掉电源。（2）避免使用滤纸或玻璃纸作称量容器，这会加大静电干扰，同时这种轻质的容器也会增加空气浮力等对称量的影响。（3）在称量金属、塑胶等易带静电物质和有磁性的物质时，建议预先消磁，以增加称量的准确性。（4）不要冲击称盘，不要让粉粒等异物进入中央传感器孔。

2.1.6　实验数据及处理

测量记录填入表 2.1.1 中。

表　2.1.1

次数＼仪器	螺旋测微器测细丝直径 D_s/mm	读数显微镜测圆孔直径 D_k/mm	电子天平测圆柱体的质量 m/kg	游标卡尺测圆柱密度	
				H/mm	D_z/mm
1					
2					
3					
4					
5					
6					

1. 细丝直径的误差分析

$$\overline{D}_S = \frac{\sum_{i=1}^{6} D_{Si}}{6} = \qquad , \qquad \sigma_{\overline{D}_S} = \sqrt{\frac{\sum (D_{Si} - \overline{D}_S)^2}{5 \times 6}} =$$

$$\Delta_A = \frac{\sigma_{\overline{D}_S}}{\sqrt{6}} = \qquad , \qquad \Delta_B = \frac{\Delta_仪}{\sqrt{3}} = \frac{0.02}{\sqrt{3}} =$$

$$\Delta_{D_S} = \sqrt{\Delta_A^2 + \Delta_B^2} =$$

$$D_S = \overline{D}_S \pm \Delta_{D_S} = \qquad , \qquad \Delta_{D_S r} = \frac{\Delta_{D_S}}{\overline{D}_S} \times 100\% =$$

2. 圆孔直径的误差分析

$$\overline{D}_k = \frac{\sum_{i=1}^{6} D_{ki}}{6} = \qquad , \qquad \sigma_{\overline{D}_k} = \sqrt{\frac{\sum (D_{ki} - \overline{D}_k)^2}{5 \times 6}} =$$

$$\Delta_A = \frac{\sigma_{\overline{D}_k}}{\sqrt{6}} = \qquad , \qquad \Delta_B = \frac{\Delta_仪}{\sqrt{3}} = \frac{0.001}{\sqrt{3}} =$$

$$\Delta_{D_k} = \sqrt{\Delta_A^2 + \Delta_B^2} =$$

$$D_k = \overline{D}_k \pm \Delta_{D_k} = \qquad , \qquad \Delta_{D_k r} = \frac{\Delta_{D_k}}{\overline{D}_k} \times 100\% =$$

3. 计算铜柱体的密度及其误差

由 $\overline{x} = \dfrac{x_1 + x_2 + \cdots + x_n}{n} = \dfrac{\sum_{i=1}^{n} x_i}{n}$ 得平均值：

$$\overline{D}_z = \qquad , \quad \overline{H} = \qquad , \quad \overline{m} =$$

由 $\sigma_{\overline{x}} = \sqrt{\dfrac{\sum_{i=1}^{n} (x_i - \overline{x})^2}{n(n-1)}}$ 得测量列算术平均值的标准偏差：

$$\sigma_{\overline{x}D}^2 = \qquad , \qquad \sigma_{\overline{x}H}^2 = \qquad , \qquad \sigma_{\overline{x}m}^2 =$$

由 $\Delta_A = \sigma_{\bar{x}}$ 得不确定度 A 分量:

$$\Delta_{AD} = \sigma_{\bar{x}D}, \quad \Delta_{AH} = \sigma_{\bar{x}H}, \quad \Delta_{Am} = \sigma_{\bar{x}m}$$

由 $\Delta = \sqrt{\Delta_A^2 + \Delta_B^2}$ 得不确定度:

$$\Delta_D = \sqrt{\Delta_{AD}^2 + \Delta_{BD}^2} = \hspace{3cm},$$

$$\Delta_H = \sqrt{\Delta_{AH}^2 + \Delta_{BH}^2} = \hspace{3cm},$$

$$\Delta_m = \sqrt{\Delta_{Am}^2 + \Delta_{Bm}^2} = \hspace{3cm}$$

则圆柱体的密度平均值: $\bar{\rho} = \dfrac{4\bar{m}}{\pi \bar{D}^2 \bar{H}} = \hspace{2cm}$ 。

由 $\dfrac{\Delta_y}{\bar{y}} = \sqrt{\left(\dfrac{\partial \ln f}{\partial x_1}\right)^2 \Delta_{x_1}^2 + \left(\dfrac{\partial \ln f}{\partial x_2}\right)^2 \Delta_{x_2}^2 + \left(\dfrac{\partial \ln f}{\partial x_3}\right)^2 \Delta_{x_3}^2 + \cdots}$ 得相对不确定度:

$$\Delta_{\rho r} = \frac{\Delta_\rho}{\bar{\rho}} = \sqrt{\left(\frac{\partial \ln \rho}{\partial D}\right)^2 \Delta_D^2 + \left(\frac{\partial \ln \rho}{\partial H}\right)^2 \Delta_H^2 + \left(\frac{\partial \ln \rho}{\partial m}\right)^2 \Delta_m^2}$$

$$= \sqrt{\left(\frac{\Delta_D \times 2}{\bar{D}}\right)^2 + \left(\frac{\Delta_H}{\bar{H}}\right)^2 + \left(\frac{\Delta_m}{\bar{m}}\right)^2}$$

$$= \hspace{3cm}$$

不确定度为 $\Delta_\rho = \Delta_{\rho r} \bar{\rho} = \hspace{3cm}$ 。

测量结果为 $\rho = \bar{\rho} \pm \Delta_\rho = \hspace{2cm}$, $\Delta_{\rho r} = \hspace{2cm}$ 。

2.1.7　思考题

1. 10 分度和 20 分度的游标卡尺,最小分度值分别是多大? 读数的末位有什么样的特点?

2. 比较游标卡尺和螺旋测微器,两者的读数方法有什么不同?

2.2　示波器实验

示波器是利用示波管内电子束在电场中的偏转,来反映电压的瞬变过程,并显示电信号随时间变化的一种电子仪器。由于电子惯性小,荷质比大,因此示波器具有较宽的频率响应特性,可以观察变化极快的电压瞬变过程。它不仅可以定性观察电路动态过程的电信号波形,也能测量可转化为电压信号的一切电学量的幅度、周期、波形的宽度、上升或下降时间等参数,用双通道示波器还能测量两个信号之间的时间差或相位差。示波器可用来做其他显示设备,如测量晶体管特性曲线、雷达信号等,配上各种传感器,还可以用于测量各种非电学量(如位移、速度、压力、温度、磁场、光强等)、声光信号、生物体的物理量(心电、脑电、血压等)。自 1931 年美国研制出第一台示波器至今,已有 70 多年,它在各个领域都得到了广泛的应用,已成为科学研究、实验教学、医药卫生、电工电子和仪器仪表等各个研究领域和行业中最常用的仪器之一。示波器本身也发展了多种类型,例如慢扫描示波器、各种频率范围的示波器、取样示波器、记忆示波器、数字示波器等。

2.2.1　实验目的

1. 了解示波器的基本结构和工作原理。

2. 利用示波器观察测量正弦波、方波、锯齿波信号的振幅、频率。

3. 观察电子束垂直正弦振动合成的轨迹(李萨如图形)并测定正弦振动频率。

2.2.2　实验仪器

YB43020B模拟示波器、信号发生器。

2.2.3　实验原理

示波器的结构如图2.2.1所示,主要按键以及旋钮的功能如下:

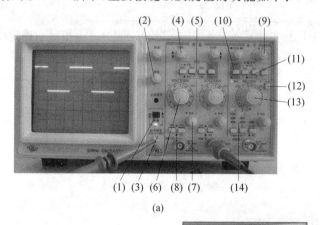

(a)

(b)

(c)

图2.2.1　示波器结构图

(1) 电源开关:按上此开关,仪器电源接通,指示灯亮。

(2) 聚焦:用以调节示波管电子束的焦点,使显示的光点成为细而清晰的圆点。

(3) 校准信号:此端口输出幅度为0.5V,频率为1kHz的方波信号。

(4) 垂直位移: 用以调节光迹在垂直方向的位置。

水平位移: 用以调节光迹在水平方向的位置。

(5) 垂直方式: 选择垂直系统的工作方式。

CH1: 只显示 CH1 通道的信号。

CH2: 只显示 CH2 通道的信号。

交替: 用于同时观察两路信号, 此时两路信号交替显示, 该方式适合于在扫描速率较快时使用。

断续: 两路信号断续工作, 适合于在扫描速率较慢时, 同时观察两路信号。

叠加: 用于显示两路信号相加的结果, 当 CH2 极性开关被按入时, 则两信号相减。

CH2 反相: 按上此键, CH2 的信号被反相。

(6) 灵敏度选择开关(VOLTS/DIV): 选择垂直轴的偏转系数, 从 5mV/div 到 5V/div, 分 10 个挡级调整, 可根据被测信号的电压幅度选择合适的挡级。

(7) 微调: 用以连续调节垂直轴偏转系数, 调节范围≥2.5 倍, 该旋钮逆时针旋足时为校准位置, 此时可根据"VOLTS/DIV"开关度盘位置和屏幕显示幅度, 读取该信号的电压值。

(8) 耦合方式(AC GND DC)垂直通道的输入耦合方式选择, AC: 信号中的直流分量被隔开, 用以观察信号的交流成分。DC: 信号与仪器通道直接耦合, 当需要观察信号的直流分量或被测信号的频率较低时应选用此方式。GND: 输入端处于接地状态, 用以确定输入端为零电位时光迹所在位置。

(9) 水平位移: 用以调节光迹在水平方向的位置。

(10) 电平: 用以调节被测信号在变化至某一电平时触发扫描。

(11) 极性: 用以选择被测信号在上升沿或下降沿触发扫描。

(12) 扫描方式: 选择产生扫描的方式。

自动: 当无触发信号输入时, 屏幕上显示扫描光迹, 一旦有触发信号输入, 电路自动转换为触发扫描状态, 调节电平可使波形稳定地显示在屏幕上, 此方式适合观察频率在 50Hz 以上的信号。

常态: 无信号输入时, 屏幕上无光迹显示, 有信号输入时, 且触发电平旋钮在合适位置上, 电路被触发扫描, 当被测信号频率低于 50Hz 时, 必须选择该方式。

锁定: 仪器工作在锁定状态后, 无需调节电平即可使波形稳定地显示在屏幕上。

单次: 用于产生单次扫描, 进入单次状态后, 按复位键, 电路工作在单次扫描方式下, 扫描电路处于等待状态, 当触发信号输入时, 扫描只产生一次, 下次扫描需再次按动复位按键。

(13) ×5 扩展: 按入后扫描速度扩展 5 倍。

(14) 扫描速率选择开关(SEC/DIV): 根据被测信号的频率高低, 选择合适的挡级。当扫描"微调"置校准位置时, 可根据度盘的位置和波形在水平轴的距离读出被测信号的时间参数。

(15) 微调: 用于连续调节扫描速率, 调节范围≥2.5 倍, 逆时针旋足为校准位置。

(16) 触发源: 用于选择不同的触发源。

CH1: 在双踪显示时, 触发信号来自 CH1 通道, 单踪显示时, 触发信号则来自被显示的通道。

CH2：在双踪显示时，触发信号来自 CH2 通道，单踪显示时，触发信号则来自被显示的通道。

交替：在双踪交替显示时，触发信号交替来自于两个 Y 通道，此方式用于同时观察两路不相关的信号。

外接：触发信号来自于外接输入端口。

2.2.4　实验内容及步骤

1. 校准信号的测量

打开电源开关，电源指示灯变亮，约 20s 后，示波管屏幕上会显示光迹。

（1）将 AC-DC 开关拨到 AC 处，接地按下，垂直方式工作开关置于 CH1（或 CH2），自动和锁定按下，屏幕上将会出现水平光迹亮线。

（2）调节 CH1（或 CH2）垂直和水平位移旋钮，将扫线调节到中心刻度线附近。

（3）调节辉度和聚焦旋钮，将光迹亮度和聚焦调到适当，使水平光迹亮线达到最清晰。

（4）把校准信号接入 CH2 通道。

（5）扫描方式选择自动，通道选择 CH2，耦合方式选择 GND，把地线通过垂直位移旋钮调整到屏幕中央。

（6）耦合方式选择 DC，调整电压灵敏度开关以及扫描速率选择开关到合适位置，使屏幕显示 2 到 3 个的波形，读出幅度和周期。

2. 观察和测量波形

（1）观察和测量正弦波，将信号发生器发出的信号输入通道 CH1（或 CH2），垂直微调旋钮和扫描微调旋钮置于校准位置，调节 VOLTS/DIV 开关和 TIME/DIV 开关，使屏上出现 1～3 个完整稳定的波形。

（2）分别测出波形的 ΔV（峰峰电压差）、ΔT（时间差即周期）、$f=1/\Delta T$（频率）。

（3）重复以上步骤（1）、（2），再分别测量三角波和方波。

3. 观测李萨如图形

将示波器自带正弦波信号接入 CH1 输入端，CH2 输入端输入函数发生器信号源中的正弦波，调节扫描速率选择开关（SEC/DIV）至 X-Y 位置，调节函数发生器的输出正弦电压的频率，使屏上出现任一稳定图形，记录李萨如图形和标准信号源（即函数发生器）的输出信号频率 f_Y，根据 $f_X=\dfrac{n_X}{n_Y}f_Y$ 计算出待测信号的频率。

2.2.5　注意事项

（1）在使用示波器进行实验过程中，要避免频繁开机、关机。

（2）如果发现波形受外界干扰，可将示波器外壳接地。

（3）Y 输入的电压不可太高，以免损坏仪器。

（4）关机前先将辉度调节旋钮沿逆时针方向转到底，使亮度减到最小，然后再断开电源开关。

（5）在观察荧屏上的亮斑并进行调节时，亮斑的亮度要适中，不能过亮。

2.2.6 实验数据及处理

表 2.2.1

波形	正弦波	三角波	方波
图形			
幅值/频率			
频率比 n_X/n_Y			
李萨如图			

2.2.7 思考题

1. 打开示波器电源后,屏幕上既不显示扫描线也不显示亮点,可能有哪些原因?
2. 屏幕上的波形不稳定甚至模糊一片,应如何调节示波器?
3. 为什么李萨如图形总稳定不下来而波形能稳定?

2.3 测定液体的表面张力系数

表面张力是液体表面的重要特性,它存在于极薄的表面层内,使液体表面积趋于最小。表面张力解释了液体所呈现的许多现象,如泡沫的形成、浸润和毛细现象等。在工业技术中,如浮选技术和液体输送技术等方面都要对表面张力进行研究。测定表面张力系数常用的方法有:拉脱法、毛细管升高法和液滴测重法等。本实验利用硅压阻力敏传感器测量纯净水的表面张力系数。

2.3.1 实验目的

1. 掌握测定液体表面张力系数的实验原理。
2. 掌握传感器灵敏度的确定及传感器定标的方法。
3. 观察拉脱法过程展现的物理现象,并利用理论知识加以解释。
4. 测定水的表面张力系数并进行实验误差分析。

2.3.2 实验仪器

FD-NST-I 型液体表面张力系数测定仪、铝合金吊环、吊盘、玻璃器皿、砝码、镊子等。

2.3.3 实验原理

在液体的表面层内,存在着一种使其表面积趋于收缩到最小的力,称为表面张力。表面张力是存在于液体表面层任何一条分界线两侧间的液体的相互作用力,其方向沿液体表面

的切线方向，且恒与分界线垂直，大小与分界线的长度成正比，即

$$f = \alpha L \tag{2.3.1}$$

式中：α 为液体的表面张力系数，单位为 $N \cdot m^{-1}$。

实验表明，表面张力系数的大小与液体的种类、纯度、温度和与之接触的流体或气体成分有关。

金属环固定在传感器上，将该环浸没于液体中，然后渐渐拉起圆环，当它从液面拉脱瞬间传感器受到的拉力的大小为

$$f = \alpha \pi (D_1 + D_2) \tag{2.3.2}$$

式中：D_1、D_2 分别为圆环内、外径。该力可由硅压阻力敏传感器与数字电压表测量得到，即

$$f = \frac{U_1 - U_2}{B} \tag{2.3.3}$$

式中：U_1、U_2 分别为圆环拉脱前与拉脱后的数字电压表示数；B 为力敏传感器的灵敏度。由式（2.3.2）和式（2.3.3）联立得液体表面张力系数

$$\alpha = \frac{f}{\pi (D_1 + D_2)} = \frac{U_1 - U_2}{\pi (D_1 + D_2)B} \tag{2.3.4}$$

2.3.4　仪器描述

液体表面张力系数测定仪主要有硅压阻力敏传感器、力敏传感器固定支架、升降台、底板及水平调节装置、数字电压表等组成，如图 2.3.1 所示。

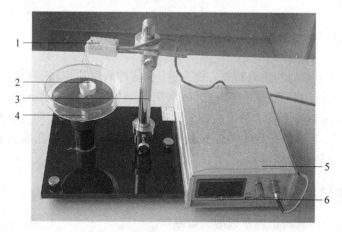

图 2.3.1　液体表面张力系数测定仪

1—硅压阻力敏传感器；2—吊环；3—力敏传感器固定支架；升降台、底板及水平调节装置；
4—玻璃器皿；5—数字电压表；6—航空插头及接口

2.3.5　实验内容及步骤

1. 开机预热仪器。预热期间清洗玻璃器皿和吊环，测定吊环的内外直径。

2. 向玻璃器皿内放入待测液体，并放在升降台上。

3. 将砝码盘挂在力敏传感器钩上，并进行电压表调零。

4. 整机预热至 15 分钟，可对力敏传感器定标。挂上砝码托盘，在盘中每放一个砝码，记录相应的电压值，填入表 2.3.1，直至所有砝码用完为止（注意：放砝码时要尽量轻拿轻

放,以免超出仪器量程)。

5. 摘下砝码盘,挂上吊环。转动升降台螺母使液面上升,直至环下沿均浸入液体,改为逆向转动螺母使液面下降,整个过程中吊环保持不动。在此过程中,密切观察电压表的示数(电压示数 U 一般都是先逐渐增大,当液柱快被拉断时则开始减小),记录吊环液柱拉断前数字电压最大值 U_1 和拉断后稳定的数字电压值 U_2。

2.3.6　注意事项

1. 应调节吊环为水平;否则会引入不必要的偏差。
2. 吊环须处理干净。
3. 旋转升降台时,应该尽量缓慢以减少液体波动带来的影响。
4. 保证实验室内空气流通不要太强,以免吊环摆动使数字电压表产生零点波动误差。
5. 尽量用镊子操作,以免汗液腐蚀、损坏仪器。
6. 使用力敏传感器时用力不宜大于 0.098N;否则易损坏力敏传感器。

2.3.7　实验数据及处理

1. 硅压阻力敏传感器定标(表 2.3.1)

表　2.3.1

砝码 M/g	0.5	1.0	1.5	2.0	2.5	3.0
电压 U/mV						

重力加速度 $g = 9.8011\,m/s^2$。仪器的灵敏度 $B = $ _____ mV/N(用最小二乘法或作图法计算)。

2. 液体表面张力系数的测量(表 2.3.2 记录金属圆环内、外直径,表 2.3.3 记录吊环拉断液柱前、后瞬间的电压值 U_1 和 U_2)

表　2.3.2

测量次数	1	2	3	4	5	6	平均值
D_1/mm							
D_2/mm							

表　2.3.3

测量次数	1	2	3	4	5	6
U_1/mV						
U_2/mV						
$\Delta U/mV$						
$f/10^{-3}\,N$						

$\bar{\alpha} = $ _____ N/m, $\quad \sigma_{\bar{\alpha}} = $ _____, $\quad \alpha = \bar{\alpha} \pm \sigma_{\bar{\alpha}} = $ _____ N/m, $\quad E = \dfrac{\sigma_{\bar{\alpha}}}{\bar{\alpha}} = $ _____ %

2.3.8　思考题

1. 对硅压阻力敏传感器定标时,如果初始未调零,对仪器的灵敏度有影响吗?
2. 影响表面张力的因素有哪些?

附录　温度与水的表面张力系数的对应表（表 2.3.4）

表　2.3.4

温度 $t/℃$	12.0	13.0	14.0	15.0	16.0	17.0	18.0	19.0	20.0
$\alpha/10^{-3}\mathrm{N} \cdot \mathrm{m}^{-1}$	73.7	73.6	73.4	73.3	73.1	73.0	72.8	72.7	72.5
温度 $t/℃$	21.0	22.0	23.0	24.0	25.0	26.0	27.0	28.0	29.0
$\alpha/10^{-3}\mathrm{N} \cdot \mathrm{m}^{-1}$	72.4	72.2	72.1	71.9	71.8	71.6	71.5	71.3	71.2

2.4　流体黏滞系数的测量

黏滞系数是流体的重要参数之一,反映流体的流动性质。准确测定流体的黏滞系数,不仅在物理研究方面,而且在化学、医学、药物、水利工程、机械工程和国防建设中有着重要意义。常用的测量黏滞系数的方法有:落球法、落针法和转叶法,本实验运用落球法和落针法测定流体黏滞系数。

2.4.1　落球法测定流体的黏滞系数

落球法是最常见最基本的一种测量方法,适用于测定粘度较大的透明或半透明流体(如甘油、蓖麻油和变压器油等)的黏滞系数。

2.4.1.1　实验目的

1. 观察流体的黏滞现象。
2. 根据斯托克斯公式,利用落球法测定流体的黏滞系数。

2.4.1.2　实验仪器

量筒、小钢球、蓖麻油、千分尺、秒表、磁铁、米尺、玻璃皿、温度计。

2.4.1.3　实验原理

流体中,流速不同的相邻流层接触面上,存在着阻碍流层相对运动的力,称为内摩擦力或黏滞力,流体的这种性质为黏滞性,用黏滞系数 η 反映其黏滞性。黏滞力除与流体本身的性质有关外,还与流体的温度、压强等有关。液体的黏滞系数随温度升高而减小,而气体的黏滞系数则随温度升高而增大。温度恒定且压强不特别大(如几百个大气压)的情况下,压强对流体黏滞系数 η 的影响极小。

物体在流体中运动时,将受到与运动方向相反的摩擦阻力的作用,这种力即为黏滞阻力,它是由附着在物体表面的液层与邻近的液层相对运动而引起的。

小球在流体中下落时受到三个铅直方向的作用力：小球重力 mg、浮力 ρgV 及黏滞阻力 F（其方向与小球运动反向）。若流体无限深广，且光滑的刚体小球下落速度 v 较小情况下，F 遵从斯托克斯公式：$F=6\pi\eta rv$（其中，r 为小球的半径；η 为流体的黏滞系数，单位是 $Pa\cdot s$）。

开始时，小球下落速度较小，黏滞阻力也小，随着下落速度的增大，黏滞阻力亦随之增大，直至三个力达到平衡，即

$$mg = \rho gV + 6\pi\eta rv \tag{2.4.1}$$

此时，小球以最终速度 v_0（亦称收尾速度）匀速直线下落。由式（2.4.1）可得

$$\eta = \frac{(m-V\rho)g}{6\pi vr} \tag{2.4.2}$$

令小球的直径为 d，并用 $m=\frac{\pi}{6}d^3\rho'$，$v=\frac{l}{t}$，$r=\frac{d}{2}$ 代入式（2.4.2）得

$$\eta = \frac{(\rho'-\rho)gd^2t}{18l} \tag{2.4.3}$$

式中：ρ' 为小球密度；l 为小球匀速下落的距离；t 为小球匀速下落 l 距离所用的时间。

实验容器中的流体，不能满足无限深广的理想条件。经验表明，若小球沿容器的中心轴线下落，式（2.4.3）做如下修正即可符合实际情况：

$$\eta = \frac{(\rho'-\rho)gd^2t}{18l} \cdot \frac{1}{\left(1+2.4\dfrac{d}{D}\right)} \tag{2.4.4}$$

式中：D 为容器内径。

2.4.1.4 实验内容及步骤

1. 用游标卡尺测量圆筒内径（不同处内径测六次取其平均值）。

2. 安装有蓖麻油的圆筒，并调整其中心轴为铅直。

3. 在圆筒上固定两个相距为 l 的标线 N_1、N_2，上标线 N_1 离液面距离不小于 6cm，以使小球匀速通过标线（见图 2.4.1）。

4. 用螺旋测微器测出 6 个编号小球的直径。

5. 用镊子夹起小球在油中浸一下，然后放入油面中心，使其自由下落，用秒表测出每个小球匀速经过路程 l 所用时间 t_1，t_2，…，t_6。

6. 测出蓖麻油的密度 ρ 和实验前后油的温度。

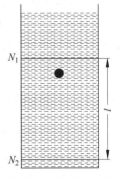

图 2.4.1　测量装置示意图

2.4.1.5 注意事项

1. 在使用千分尺时，应先读出其零点修正值。

2. 测量中，落入蓖麻油中的小钢球需在实验完毕后用磁铁一次性取出。

3. 要尽量接近油面且沿量筒的中轴线释放小球。

4. 测时间时，眼睛与小球应在同一水平面。

2.4.1.6 实验数据及处理

标线 N_1 和 N_2 之间的距离 $l=$_____ m，待测液体温度 $T=$_____ ℃。

设 ρ' 为小球的密度, ρ 为蓖麻油的密度, $\rho' = 7.80 \times 10^3 \, \text{kg/m}^3$, $\rho = 0.96 \times 10^3 \, \text{kg/m}^3$。测量数据填入表 2.4.1 中。

表 2.4.1

次　　数	1	2	3	4	5	6
量筒直径 D/mm						
钢球直径 d/mm						
所用时间 t/s						

$$\bar{\eta} = \frac{(\rho' - \rho) g \bar{d}^2 \bar{t}}{18 \bar{l}} \cdot \frac{1}{\left(1 + 2.4 \dfrac{\bar{d}}{\bar{D}}\right)} = \underline{\qquad} \text{Pa} \cdot \text{s}$$

$$\Delta_{\eta r} = \sqrt{\left(\frac{1}{t}\right)^2 \sigma_t^2 + \left(\frac{1}{l}\right)^2 \sigma_l^2 + \left(\frac{2.4\bar{d} + 2\bar{D}}{2.4\bar{d}^2 + \bar{d}\bar{D}}\right)^2 \sigma_{\bar{d}}^2 + \left(\frac{2.4\bar{d}}{2.4\bar{d}\bar{D} + \bar{D}^2}\right)^2 \sigma_{\bar{D}}^2}$$

$$\Delta_{\eta} = \bar{\eta} \Delta_{\eta r} = \underline{\qquad}$$

测量结果：$\eta = \bar{\eta} \pm \Delta_{\eta} = \underline{\qquad}$ Pa·s，$\Delta_{\eta r} = \underline{\qquad}$ %

2.4.1.7　思考题

1. 为什么要对表达式(2.4.3)进行修正？
2. 如何判断小球在作匀速运动？

2.4.2　落针法测定流体的黏滞系数

落针黏度计是用以研究液体黏度（黏滞系数）的一种仪器。该仪器通过落针（中空长圆柱体）在待测液体中垂直下落，采用霍尔传感器和多功能毫秒计（单板机计时器）测量落针的收尾速度，来确定流体的黏度。其中，投针装置和取针装置设计巧妙，使得测量过程极为简洁。此方法适于牛顿流体和非牛顿流体黏度的测量，此外还可测定液体密度。

2.4.2.1　实验目的

1. 学会用落针法测定流体的黏滞系数。
2. 研究流体黏滞系数随温度的变化规律。

2.4.2.2　实验仪器

黏度计本体、落针、霍尔传感器、单片机计时器、控温系统。

2.4.2.3　实验原理

在待测液体中，针沿容器中轴垂直下落一段时间之后，受力达到平衡，则针作匀速运动。此时速度为收尾速度，此速度可通过测量针内两磁铁经过传感器的时间间隔 T 来计算获得。

恒温条件下，计算牛顿液体黏滞系数 η 的公式为

$$\eta = \frac{gR_2^2}{2V_\infty}(\rho_s - \rho_l)\frac{\left(1 + \dfrac{2}{3L_r}\right)}{1 + 3(\ln R_1/R_2 - 1)/(2C_w L_r)}(\ln R_1/R_2 - 1) \qquad (2.4.5)$$

式中：R_1 为容器内半径；R_2 为落针外半径；V_∞ 为针下落收尾速度；g 为重力加速度；ρ_s 为针的有效密度；ρ_l 为液体密度；η 为液体黏滞系数；C_w 为壁和针长的修正系数：

$$C_w = 1 - 2.04K + 2.09K^3 - 0.95K^5 \qquad (2.4.6)$$

令

$$K = R_2/R_1, \quad L_r = (L - 2R_2)/(2R_2) \qquad (2.4.7)$$

在实际情况中，考虑到 $V_\infty = l/t$（l 为两磁铁同名磁极的间距，t 为两磁铁经过传感器的时间间隔），式(2.4.5)可近似为

$$\eta = \frac{gR_2^2 t}{2l}(\rho_s - \rho_l)\left(1 + \frac{2}{3L_r}\right)\left(\ln\frac{R_1}{R_2} - \frac{R_1^2 - R_2^2}{R_1^2 + R_2^2}\right) \qquad (2.4.8)$$

2.4.2.4　仪器描述

1. 黏度计本体

黏度计本体结构如图 2.4.2 所示。用透明玻璃管制成的圆筒型容器，竖直固定于水平机座，机座底部有水平调节螺丝，圆筒长 550mm，内直径（$2R_1$）约 40mm，圆筒盛放待测液体（如蓖麻油），机座上竖立一块铝合金支架，其中装有霍尔传感器和取针装置。圆筒容器顶部盒子上装有投针装置（发射器），它包括喇叭形导环和带永久磁铁的拉杆。此导环作用为便于取针以及让针沿容器中轴线下落。用取针装置把针由容器底部提起，针沿导环到达盖子顶部，被拉杆的磁铁吸住。拉起拉杆，针因重力作用而沿容器中轴线下落。

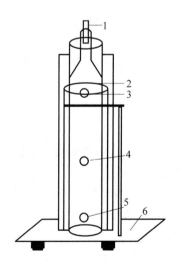

图 2.4.2　黏度计本体结构图

1—投针装置；2—温度探头；3—出水口；4—霍尔传感器；

5—入水口；6—取针装置

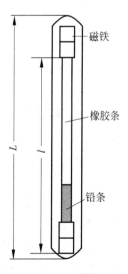

图 2.4.3　落针

2. 落针

落针结构如图 2.4.3 所示，它是一个由有机玻璃制成的空细长圆柱体，总长约为

185mm,其外半径为 R_2,直径 d 约为 5.7mm,有效密度为 ρ_s。它的下端为半球形,上端为圆台状,便于拉杆相吸。内部两端为异名磁极相对的永久磁铁。同名磁极间的距离为 l(170mm),内部有配重的铅条。改变铅条的数量,可改变针的有效密度 ρ_s。

3. 霍尔传感器

圆柱状开关型霍尔传感器灵敏度极高,外部有螺纹,可用螺母固定在仪器本体的铝板上。输出信号通过屏蔽电缆、航空插头接到单板机计时器上。传感器由 5V 直流电源供电(来自单板机计时器),外壳用非磁性金属材料(铜)封装。当磁铁经过霍尔传感器前端时,传感器便输出一个矩形脉冲,同时发光二极管 LED 有指示。这种磁传感器为非透明液体的测量带来方便。

4. 单片机计时器

硬件采用 89C51 系列微处理芯片,以单板机为基础的毫秒计用以计时和处理数据。霍尔传感器产生的脉冲经整形后,从航空插座输入单板机,由计时器完成两次脉冲之间的计时,接受参数输入,将结果计算并用数码形式显示出来。

5. 控温系统

控温系统由水泵、加热装置及控温装置组成。水浴加热时,微型水泵运转,使水流由黏度计本体底部流入,自顶部流出,形成水循环加热,并通过控温装置的调节,达到预定的温度。温度指示的精度为 0.5°。

2.4.2.5　实验内容及步骤

1. 安装准备

(1) 将仪器本体放于桌面,取下容器盖子,将待测液体(如蓖麻油)注满容器(务必注满),再将盖子加在容器上(若圆筒容器非垂直,可用底脚螺丝调节)。

(2) 将霍尔传感器安装在黏度计的铝板上,让探头尽量接近并与圆筒容器垂直,同时将传感器的输出电缆接到功能毫秒计的航空插座上。

2. 研究液体黏滞系数随温度的变化

(1) 接入仪器电源,打开电源开关,仪器显示"PH2"。

(2) 用游标卡尺测量针的直径和长度 L,计算针的体积 V(用量筒直接测量针的体积亦可)。用天平测量针的质量 m,从而求出针的有效密度 $\rho_s = m/V$。

(3) 取下容器端的盖子,将针放入液体中,然后盖上盖子,用取针装置将针拉起。

(4) 按仪器面板上的复位键,显示"PH2",表示毫秒计进入复位状态。

(5) 按"2"键,显示 H,表示毫秒计进入计时待命状态。

(6) 将投针装置的磁铁拉起,让针落下,稍等片刻,毫秒计显示时间。按 A 键将提示修改参数,第三次按 A 键显示该设定温度下的液体的黏滞系数(可使用仪器上计时的"7"键,启动电子秒表功能,测定针下落的时间)。

(7) 用取针装置将针拉起,重复测量若干次。

3. 测量液体密度 ρ_l

液体的密度可以用比重计直接测量,也可以用下面的方法进行测量。

在同一温度下，先后将已知密度的两针（密度不同）投入到待测密度的液体中，由于液体黏度是一样的，所以在式(2.4.8)中消去黏度 η，只余下液体密度 ρ_1 是未知的，将针的密度代入，可求得液体密度。

设 1 号针的密度为 ρ_{s1}，收尾速度为 $v_{\infty 1}$，2 号针的密度为 ρ_{s2}，速度为 $v_{\infty 2}$，则液体密度为

$$\rho = \rho_{s1} \frac{(1 - \rho_{s2}/\rho_{s1})(v_{\infty 1}/v_{\infty 2})}{1 - v_{\infty 1}/v_{\infty 2}} \tag{2.4.9}$$

因为 $v_{\infty 1} = l/t_1$，$v_{\infty 2} = l/t_2$，则式(2.4.9)可改写为

$$\rho = \rho_{s1} \frac{(1 - \rho_{s2}/\rho_{s1})(t_2/t_1)}{1 - t_2/t_1} \tag{2.4.10}$$

上式即测量液体密度的计算公式。

2.4.2.6 注意事项

1. 应让针沿圆筒中心轴线下落。

2. 落针过程中，针应保持竖直状态。

3. 由于液体受到扰动，处于不稳定状态，故用取针装置将针拉起并悬挂于容器上端后，应稍待片刻，再将针投下进行再次测量。

4. 取针装置将针拉起并悬挂后，应将取针装置上的磁铁旋转离开容器，以免对针的下落造成影响。

5. 为了训练实验技巧，建议在复位后先用计停键手动测量落针时间，然后用霍尔探头作自动测量。

6. 取针和投针时均需小心操作，以免把玻璃仪器弄倒打坏。

2.4.2.7 实验数据及处理

1. 相同温度下液体的黏滞系数，测量数据填入表 2.4.2 中。

表 2.4.2

	针长度 L/mm	针外径 $2R_2$/mm	同名磁极间距 l/mm	管内径 $2R_1$/mm	针质量 m/g	下落时间 t/s
1						
2						
3						
4						
5						
6						
平均值						

$$\eta = \frac{g R_2^2 t}{2l}(\rho_s - \rho_l)\left(1 + \frac{2}{3L_r}\right)\left(\ln\frac{R_1}{R_2} - \frac{R_1^2 - R_2^2}{R_1^2 + R_2^2}\right) = \underline{\hspace{3cm}}$$

$$\Delta\eta = |\eta - \eta_0| = \underline{\hspace{2cm}}\ \text{Pa}\cdot\text{s}, \quad E_\eta = \frac{\Delta\eta}{\eta_0}\times 100\% = \underline{\hspace{2cm}}\%$$

注：η_0 为测量室温下的公认值。

2. 不同温度下液体的黏滞系数，测量数据填入表 2.4.3 中。

表　2.4.3

$t/℃$								
$\eta/\text{Pa·s}$								

2.4.2.8　思考题

1. 分析造成不确定度的原因有哪些，它们各属于哪类不确定度，可否改进？

2. 如果落针过程中，针未保持竖直状态，针头偏向霍尔控头，结果将如何变化？针尾偏向霍尔控头，结果又将如何？

附录　部分参数

1. 仪器本体：圆筒内半径 $R_1=18.5\text{mm}$；圆筒长度 $H=550\text{mm}$；取针器磁铁安装螺栓 $\phi18\times6$；蓖麻油密度 $\rho_1=950\text{kg/m}^3$（20℃）。

2. 针：针长 $L=185\text{mm}$；针外半径 $R_2=3.5\text{mm}$；针内半径 $R_1=2.0\text{mm}$；针质量 $m=1.6\times10^{-2}\text{kg}$（备用针质量 $m=1.2\times10^{-2}\text{kg}$）；针有效密度 $\rho_s=2.260\times10^3\text{kg/m}^3$；针内同名磁极间距 $l=170\text{mm}$；针体积 $V=7.08\times10^{-6}\text{m}^3$。

2.5　测定金属材料的杨氏模量

杨氏弹性模量（简称杨氏模量）是表征在弹性限度内材料抗拉或抗压性能的物理量，它与材料的结构、化学成分及其加工制造方法有关。杨氏弹性模量是选定机械零件材料的重要依据之一。实验室测定杨氏模量常用的方法有拉伸法和悬丝耦合共振法。

2.5.1　悬丝耦合共振法测定材料的杨氏模量

2.5.1.1　实验目的

1. 掌握用动态法测杨氏弹性模量的方法。
2. 掌握用作图内插法处理数据的方法。
3. 培养学生综合应用仪器的能力。

2.5.1.2　实验仪器

YM-Ⅱ型杨氏模量实验仪、游标卡尺、螺旋测微计、天平、示波器、金属棒。

2.5.1.3　实验原理

设某一物体，长度为 L，截面积为 S，在垂直于截面方向上受到一作用力 F 而发生形变 ΔL，根据胡克定律，在弹性限度内，物体的应力与产生的应变成正比，即

$$\frac{F}{S}=Y\frac{\Delta L}{L}$$

（2.5.1）

式中：比例系数 Y 称为材料的杨氏弹性模量。

1. 实验装置

本实验的基本问题是测量试样的共振频率。为了测出该频率,实验时可采用如图 2.5.1 所示装置。由信号发生器输出的等幅正弦波信号,加在传感器 I(激振)上,通过传感器 I 把电信号转变成机械振动,再由悬线把机械振动传给传感器 II(拾振),这样机械振动信号就转变成了电信号。该信号放大后送到示波器中显示。当信号发生器的输出频率不等于试样的共振频率时,不发生共振,示波器上几乎没有信号波形或波形很小。当频率相等时,试样发生共振,示波器上波形突然增大,读出的频率,就是试样在该温度下的共振频率,根据公式即可计算出试样的杨氏模量。

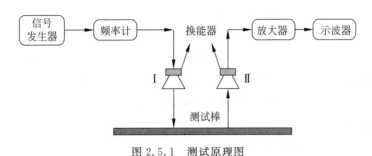

图 2.5.1 测试原理图

2. 实验方法

用悬丝耦合弯曲共振法测定金属材料杨氏模量的基本方法是:将一根截面均匀的圆形棒试样用两根细丝悬挂在两只传感器(即换能器、一只激振、一只拾振)下面,在试样两端自由的条件下,由激振信号通过激振传感器做自由振动,并由拾振传感器检测出试样共振时的共振频率,再测出试样的几何尺寸、密度等参数,即可求得试样材料的杨氏模量。圆形棒振动时满足动力学方程

$$\frac{\partial^4 y}{\partial x^4} + \frac{\rho S}{YI}\frac{\partial^2 y}{\partial t^2} = 0 \tag{2.5.2}$$

式中 y 表示棒距左端 x 处,截面在 y 方向上的位移,如图 2.5.2 所示,Y 为该棒的杨氏模量,ρ 和 S 分别表示棒的材料密度和截面积;此外,I 表示棒截面的惯性矩,其表达式为 $I = \iint y^2 \mathrm{d}s$。利用分离变量法求解动力学方程(2.5.2),令 $y(x,t) = X(x)T(t)$ 代入方程式(2.5.2),得

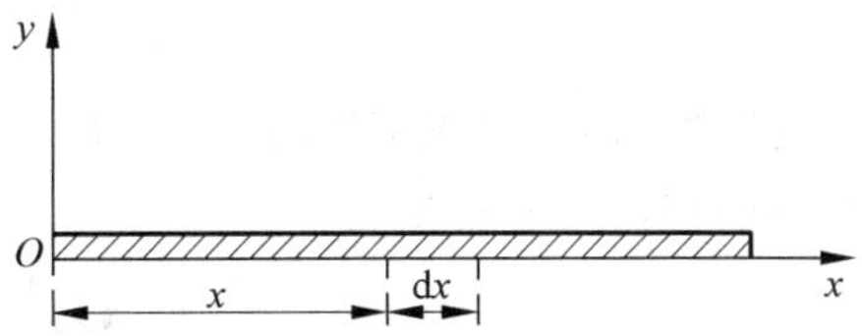

图 2.5.2 圆形棒振动原理图

$$\frac{\mathrm{d}^4 X}{\mathrm{d}x^4} - K^4 X = 0$$

$$\frac{\mathrm{d}^2 T}{\mathrm{d}t^2} - \frac{K^4 YI}{\rho S}T = 0$$

其中 K 为恒常值。设棒中每点都作简谐振动,则动力学方程的通解为

$$y(x,t) = A\cos(\rho t + \rho)\big[B_1\mathrm{ch}(Kx) + B_2\mathrm{sh}(Kx) + B_3\sin(Kx) + B_4\cos(Kx)\big]$$

上式中 K 满足频率公式

$$f = \left(\frac{K^4 YI}{\rho S}\right)^{1/2} \tag{2.5.3}$$

式(2.5.3)对任意形状截面和不同边界条件的试样都是成立的。对于用细丝悬挂起来的圆形棒，两端横向作用力 F 和弯矩 M 可以表示为

$$F = -YI \frac{\partial^3 y}{\partial x^3} \tag{2.5.4}$$

$$M = -YI \frac{\partial^2 y}{\partial x^2} \tag{2.5.5}$$

由于棒的两端均处于自由状态，则边界条件为

$$\frac{\mathrm{d}^3 y}{\mathrm{d}x^3}\Big|_{x=0} = 0, \quad \frac{\mathrm{d}^3 y}{\mathrm{d}x^3}\Big|_{x=L} = 0$$

$$\frac{\mathrm{d}^2 y}{\mathrm{d}x^2}\Big|_{x=0} = 0, \quad \frac{\mathrm{d}^2 y}{\mathrm{d}x^2}\Big|_{x=L} = 0 \tag{2.5.6}$$

将其边界条件代入横振动方程，得到一个超越方程即

$$\cos KL \cdot \mathrm{ch} KL = 1 \tag{2.5.7}$$

此方程的数值解为

$$K_n L = (n - 1/2)\pi \quad (n = 1, 2, 3, \cdots) \tag{2.5.8}$$

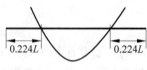

图 2.5.3　振动示意图

当 $n=1$ 时试样棒作基频振动，此时振动对应有两个节点如图 2.5.3 所示，它们的位置对称分布，距离端面为 $0.224L$。从理论上讲悬挂点应取在节点处，但由于悬挂在节点处试样棒难于被激振，更难于被拾振。为此可在节点两旁附近选不同点对称悬挂，通过作图法获取节点处的共振频率 f_0。将方程(2.5.7)中的解代入方程式(2.5.3)从中可以得

$$Y = \frac{788.70 L^3 m f_0^2}{I} \tag{2.5.9}$$

式中 m 和 f_0 分别表示试样棒的质量和基振频率。对于直径为 d 的圆棒，其惯性矩

$$I = \iint_s y^2 \mathrm{d}s = \frac{\pi d^4}{64} \tag{2.5.10}$$

实际测量时，由于不能满足 $d \ll L$，考虑到修正，将式(2.5.10)代入方程(2.5.9)，则可得圆棒的杨氏弹性模量为

$$Y = \frac{1.6067 L^3 m f_0^2}{d^4} T \tag{2.5.11}$$

式中 T 表示修正系数，其值可根据试样棒的径长比查表得到(表 2.5.1)。该式即本实验的理论计算公式。

表　2.5.1

径长比 $\bar{r}/L$	0.02	0.04	0.06	0.08	0.10
修正系数 T	1.002	1.008	1.019	1.033	1.051

2.5.1.4　实验内容及步骤

1. 用天平、游标卡尺、千分尺分别测出铜棒的质量 m、长度 L、直径 d，各测 6 次。

2. 按图 2.5.1 正确连线,开启信号发生器和示波器,调节信号发生器的频率和幅度,此时激发换能器发出响声。轻敲桌面,示波器 Y 轴信号大小立即变动,说明装置已处于工作状态。

3. 将待测铜棒标示刻度,然后将铜棒放于悬丝上,每端悬丝处于 $0.200L$ 至 $0.215L$ 之间,随后将示波器 Y 轴旋钮“V/DIV”的内面小旋钮(Cal)顺时针旋转到底不变。由低到高调节信号发生器的输出频率,并配合调节信号发生器的输出幅度以及示波器 Y 轴旋钮“V/DIV”,观察示波器荧光屏的波形振幅大小,当波形振幅超出荧光屏范围时,可调节“V/DIV”旋钮的位置,使波形大小适当,或配合调节信号发生器的输出幅度使波形大小适当,若振幅已达到极大,接着就可判断信号发生器的频率是否为试棒的共振频率,判断真伪共振的常用方法如下:

(1) 根据试棒 E 的近似值及 L、d、m 按公式推算 f_0 的近似值。

(2) 共振时用手托起试样,根据波形的消失与否来判断。

(3) 迅速切断信号源,根据波形的衰减快慢过程来判断。

(4) 根据真假共振峰的锐度或宽度来判断。

4. 以距端面为 $0.224L$ 点为中心,向左右两侧每隔 1cm 测定相应的 f 填入表 2.5.2 格中。

5. 实验完毕后,切断电源,整理仪器。

6. 通过作图法求出基频 f_0。

2.5.1.5　实验数据及处理

测量的数据填入表 2.5.2 中。

表　2.5.2

	1	2	3	4	5	6	平均值	标准偏差
质量 m								
棒长 L								
直径 d								
间距/cm	-3	-2	-1	1	2	3	$f_0=$	
频率 f								
杨氏模量平均值	$\overline{Y}=\dfrac{1.6067\ \overline{L}^3\overline{m}f_0^2}{\overline{d}^4}T=\underline{\qquad}$							
相对不确定度	$\Delta_{Yr}=\dfrac{\Delta_Y}{\overline{Y}}=\sqrt{\left(\dfrac{3\Delta_L}{L}\right)^2+\left(\dfrac{\Delta_m}{m}\right)^2+\left(\dfrac{4\Delta_d}{d}\right)^2}=\underline{\qquad}$							
不确定度	$\Delta_Y=\Delta_{Yr}\overline{Y}=\underline{\qquad}$							
测量结果	$Y=\overline{Y}\pm\Delta_Y=\underline{\qquad}$,　$\Delta_{Yr}=\underline{\qquad}$%							

注:$\Delta_L=\sqrt{\sigma_L^2+\Delta_{LB}^2}$,$\Delta_m=\sqrt{\sigma_m^2+\Delta_{mB}^2}$,$\Delta_d=\sqrt{\sigma_d^2+\Delta_{dB}^2}$,$\Delta_{LB}$、$\Delta_{mB}$、$\Delta_{dB}$ 分别为 L、m、d 的不确定度的 B 分量。

2.5.1.6　注意事项

1. 在悬挂金属棒的过程中,不可用力拉扯悬线;否则会损坏换能器。

2. 两根悬丝必须捆紧，不能松动，且实验时，待金属棒稳定后才可正式进行测量。

2.5.1.7　思考题

1. 物体的固有频率和共振频率有何不同，它们之间有什么联系？
2. 实验中如何判断基频下的共振频率？

2.5.2　拉伸法测定材料的杨氏模量

2.5.2.1　实验目的

1. 学会用光杠杆放大法测量长度的微小变化量。
2. 学会测定金属丝杨氏弹性模量的一种方法。
3. 学习用逐差法处理数据。

2.5.2.2　实验仪器

杨氏弹性模量测量仪支架、光杠杆、砝码、千分尺、钢卷尺、标尺、灯源等。

2.5.2.3　实验原理

本实验是测钢丝的杨氏弹性模量，实验方法是将钢丝悬挂于支架上，上端固定，下端加砝码对钢丝施力 F，测出钢丝相应的伸长量 ΔL，即可求出 Y。钢丝长度 L 用钢卷尺测量，钢丝的横截面积 $S = \pi d^2/4$，直径 d 用千分尺测出，力 F 由砝码的质量求出。在实际测量中，由于钢丝伸长量 ΔL 的值很小，约 10^{-1} mm 数量级，因此 ΔL 的测量采用光杠杆放大法进行测量。

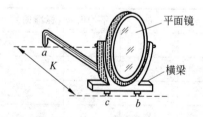

图 2.5.4　平面镜 M

光杠杆是根据几何光学原理设计而成的一种灵敏度较高的仪器，可测量微小长度或角度变化。其装置如图 2.5.4 所示，是将一个可转动的平面镜 M 固定在一个 ⊥ 形架上而构成。

图 2.5.5 是光杠杆放大原理图，假设开始时，镜面 M 的法线正好是水平的，则从光源发出的光线与镜面法线重合，并通过反射镜 M 反射到标尺 n_0 处。当金属丝伸长 ΔL，光杠杆镜架后夹脚随金属丝下落 ΔL，带动 M 转一 θ 角，至 M'，法线也转过同一角度，根据光的反射定律，光线 On_0 和光线 On 的夹角为 2θ。

如果反射镜面到标尺的距离为 D，后尖脚到前两脚间连线的距离为 b，则有

$$\tan\theta = \frac{\Delta L}{b}, \quad \tan 2\theta = \frac{n - n_0}{D} \tag{2.5.12}$$

由于 θ 很小，所以

$$\theta = \frac{\Delta L}{b}, \quad 2\theta = \frac{n - n_0}{D} \tag{2.5.13}$$

消去 θ，得

$$\Delta L = \frac{(n - n_0)b}{2D} = \frac{b}{2D}\Delta n \tag{2.5.14}$$

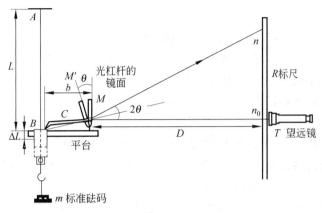

图 2.5.5 光杠杆原理图

式中 $\Delta n = n - n_0$。由于伸长量 ΔL 是难测的微小长度,但当取 D 远大于 b 后,经光杠杆转换后的量 Δn 却是较大的量,$2D/b$ 决定了光杠杆的放大倍数。这就是光放大原理,它已应用在很多精密测量仪器中,如灵敏电流、冲击电流计、光谱仪、静电电压表等。将(2.5.14)式代入(2.5.1)式得:

$$Y = \frac{FL}{S\Delta L} = \frac{8FLD}{\pi d^2 b} \frac{1}{\Delta n} \tag{2.5.15}$$

本实验使钢丝伸长的力 F,是砝码作用在纲丝上的重力 mg,因此杨氏弹性模量的测量公式为

$$Y = \frac{8mgLD}{\pi d^2 b} \frac{1}{\Delta n} \tag{2.5.16}$$

式中,Δn 与 m 有对应关系,如果 m 是 1 个砝码的质量,Δn 应是荷重增(或减)1 个砝码所引起的光标偏移量;如果 Δn 是荷重增(或减)4 个砝码所引起的光标偏移量,m 就应是 4 个砝码的质量。

2.5.2.4 实验内容及步骤

1. 仪器调节

(1) 按图 2.5.6 安装仪器,调节支架底座螺丝,使底座水平(观察底座上的水准仪)。

(2) 调节反射镜,使其镜面与托台大致垂直,再调光源的高低,使它与反射镜面等高。

(3) 调节标尺铅直,调节光源透镜及标尺到镜面间的距离 D,使镜头刻线在标尺上的像清晰。再适当调节反射镜的方向、标尺的高低,使开始测量时光线基本水平,刻线成像大致在标尺中部。记下刻线像落在标尺上的读数 n。

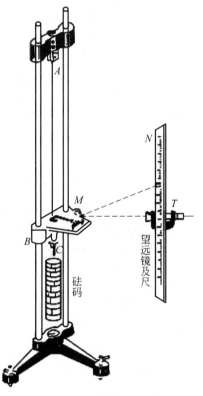

图 2.5.6 光杠杆原理图

2. 测量

（1）逐次增加砝码，每加一个砝码记下相应的标尺读数 n_i，共加 8 次，然后再将砝码逐个取下，记录相应的读数 n_i'，直到测出 n_0' 为止。加减砝码时，动作要轻，防止因增减砝码时使平面反射镜后尖脚处产生微小振动而造成读数起伏较大。

（2）取同一负荷下标尺读数的平均值 $\bar{n}_0, \bar{n}_1, \bar{n}_2, \cdots, \bar{n}_7$，用逐差法求出钢丝荷重增减 4 个砝码时光标的平均偏移量 Δn。

（3）用钢卷尺测量上、下夹头间的钢丝长度 L，及反射镜到标尺的距离 D。

（4）将光杠杆反射镜架的三个足放在纸上，轻轻压一下，便得出三点的准确位置，然后在纸上将前面两足尖连起来，后足尖到这条连线的垂直距离便是 b。

（5）用千分尺测量钢丝直径 d，由于钢丝直径可能不均匀，按工程要求应在上、中、下各部进行测量。每位置在相互垂直的方向各测一次。

2.5.2.5　数据记录及处理

测量钢丝的微小伸长量，记录表如表 2.5.3。

表　2.5.3

序号 i	砝码质量 m/kg	光标示值 n_i/cm			光标偏移量 $\delta n = n_{i+4} - n_i$/cm	偏差 $\|\delta(\delta n)\|$
		增荷时	减荷时	平均值		
0						
1						
2						
3						
4						
5					$\overline{\delta n} =$	$\overline{\delta(\delta n)} =$
6						
7						

钢丝微小伸长量的放大量的测量结果为 $\Delta n = ($ 　　　 $\pm$ 　　　 $)$cm

2. 测量钢丝直径记录在表 2.5.4。

表 2.5.4　　　　　　　　　　　　　　　　　　　　　　　$d_0 =$ 　　　mm

测量部位	上　部		中　部		下　部		平均值
测量方向	纵　向	横　向	纵　向	横　向	纵　向	横　向	
d/mm							

不确定度 $\Delta d =$ _____ mm，测量结果 $d = ($ 　　　 $\pm$ 　　　 $)$mm

3. 单次测 L、D、b 值：

$L = ($ 　　　 $\pm$ 　　　 $)$m，　$D = ($ 　　　 $\pm$ 　　　 $)$m，$b = ($ 　　　 $\pm$ 　　　 $)$m

4. 将所得各量代入式(2.5.16),计算出金属丝的杨氏弹性模量,按传递公式计算出不确定度,并将测量结果表示成标准式 $Y=\overline{Y}\pm\overline{\Delta Y}=(\qquad\pm\qquad)N/m^2$。

2.5.2.6　注意事项

1. 光杠杆、望远镜和标尺所构成的光学系统一经调节好后,在实验过程中就不可移动,否则测量数据无效,应重新测量。

2. 不准用手触摸目镜、物镜、平面反射镜等光学镜表面,更不准用手、布块或任意纸片擦拭镜面。

3. 实验测数据前事先放上去一个 2kg 砝码,将金属丝拉直,作为基准点。

4. 在加减砝码过程中应该注意轻放,避免摇晃。

5. 用千分尺测 d 时,应先检查零点读数,并记录零点误差。要求对不同位置处测 6 次。

2.5.2.7　思考题

1. 两根材料相同,但粗细、长度不同的金属丝,它们的杨氏弹性模量是否相同?

2. 光杠杆有什么优点? 怎样提高光杠杆的灵敏度?

3. 在实验中如果要求测量的相对不确定度不超过 5%,试问,钢丝的长度和直径应如何选取? 标尺应距光杠杆的反射镜多远?

4. 是否可以用作图法求杨氏弹性模量? 如果以所加砝码的个数为横轴,以相应变化量为纵轴,图线应是什么形状?

2.6　转动惯量实验研究

转动惯量是描述刚体转动时转动惯性的一个物理量,类似于平动中物体的质量。它与刚体的几何形状、质量分布及转轴的位置有关,对于形状简单的刚体其转动惯量可用数学方法来计算,对于一般形状的刚体,必须通过实验获得。

2.6.1　实验目的

1. 学习用转动惯量实验仪测定物体的转动惯量。
2. 观测刚体的转动惯量随质量及质量分布的变化规律。
3. 学习用作图法处理数据。

2.6.2　实验仪器

JM-3 智能刚体转动惯量实验仪、直尺、砝码、圆环、圆盘。

2.6.3　实验原理

根据刚体的定轴转动定律 $M=J\beta$,只要测定刚体转动时所受的合外力矩及该力矩作用下刚体转动的角加速度 β,则可计算出该刚体的转动惯量。

1. 转动惯量 J_x 的测量原理

设空载时,实验台系统对轴的转动惯量为 J_0,待测物体对其中心轴的转动惯量为 J_x

时,将其放在承物台上,将测得转动系统的总转动惯量为 J,则 $J_x = J - J_0$。

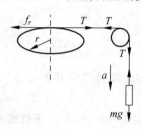

图 2.6.1　转动系统受力图

实验台系统如图 2.6.1 所示。砝码盘及其砝码是系统转动的动力。把拉线一端绕在半径为 r 的绕线轮上,另一端通过定滑轮挂上砝码,砝码钩和砝码的总质量为 m。当 m 以加速度 a 下落时,转动体系以相应的角加速度 β 转动。

当砝码钩上放置一定的砝码时,若松开手,则在重力的作用下,砝码会通过细绳带动塔轮加速转动。当砝码绳脱离塔轮后,系统将在摩擦力矩的作用下减速转动。

系统以某一初角速度开始转动,如未加砝码,则外力矩 $T = 0$,系统只受摩擦力矩 $M_\mu = rf_r$ 的作用,作匀减速转动。设由摩擦力矩产生的角加速度为 β_1(其值为负),由刚体的转动定律得

$$-M_\mu = J_0 \beta_1$$

设加重力砝码 m 时系统的角加速度为 β_2,则

$$Tr - f_r r = J_0 \beta_2$$

而

$$mg - T = ma$$
$$a = r\beta_2$$

联立上面四式得

$$J_0 = \frac{mgr}{\beta_2 - \beta_1} - \frac{\beta_2}{\beta_2 - \beta_1} mr^2 \tag{2.6.1}$$

测出 β_1、β_2,由式(2.6.1)即可得 J_0。其中 m 为砝码质量(单位：kg);g 为重力加速度(单位：m/s^2);r 为塔轮半径(单位：m);β_1、β_2 分别为不加砝码和加砝码时转台的角加速度(单位：rad/s^2)。

同理,加待测试件后,也可用同样方法测出 J。两者相减即得待测试件的转动惯量。

2. 刚体转动定理的验证

实验中,刚体受绳子张力 T 的作用力矩 $M_T = Tr$ 和摩擦力矩 $M_\mu = f_r r$,根据刚体的转动定理 $\sum M = J\beta$ 得 $mgr - M_\mu = J\beta$,整理得

$$\beta = \frac{mgr}{J} - \frac{M_\mu}{J} \tag{2.6.2}$$

在实验中保持 r、J、M_μ 不变,则 β 与砝码质量 m 呈线性关系。实验中使用不同数量的砝码来改变质量 m,可测得不同的 β 值。在坐标轴上,以 β 为纵轴、以 m 为横轴,则作出的 m-β 应是一条直线。

3. 平行轴定理验证

平行轴定理为 $J = J_c + Md^2$,式中 J_c 表示绕通过质心轴的转动惯量,J 表示绕与质心平行且相距为 d 的平行轴的转动惯量。式中 J 与 d^2 呈线性关系,以 d^2 为横坐标,以 J 为纵坐标作图,J-d^2 应该是一条直线。

4. 转动惯量的理论值计算

设待测的圆盘质量为 M_1,半径为 R,则圆盘绕几何中心轴的转动惯量理论值为

$$J = \frac{1}{2}M_1R^2 \qquad (2.6.3)$$

设待测的圆环质量为 M_2，内外半径分别为 $R_内$、$R_外$，圆环绕几何中心轴的转动惯量理论值为

$$J = \frac{M_2}{2}(R_外^2 + R_内^2) \qquad (2.6.4)$$

2.6.4 仪器描述

JM-3 智能转动惯量实验仪包括电脑毫秒计和转动惯量仪。转动惯量仪是一架绕竖直轴转动的圆形承物台，待测物体可以放置在承物台上，下面有一个倒置的塔式轮，是用来绕线的，还有固定在承物台边缘并随之转动的遮光片，结构如图 2.6.2 所示。转动惯量仪在转动过程中，电脑毫秒计会自动记录下每转过 π 弧度时的次数和时间，电脑毫秒计从第一个光电脉冲发生开始计时、计数，并且可以连续记录，可存储 64 个光脉冲的时间，精确到 0.1ms，并可以计算出等运动间距的加速度和减速度。塔轮上有三个不同半径的绕线轮，最上面一个的半径为 2.5cm，其余每相邻两个塔轮之间的半径

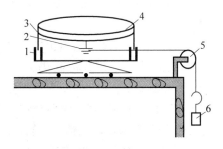

图 2.6.2 转动惯量仪结构图
1—光电门；2—塔轮；3—遮光片；
4—承物台；5—滑轮；6—砝码

相差 0.5cm。砝码钩上可以放置一定数量的砝码，松开手，在重力作用下，砝码通过细绳带动塔轮加速转动。结构见图 2.6.2，面板图如图 2.6.3 所示。

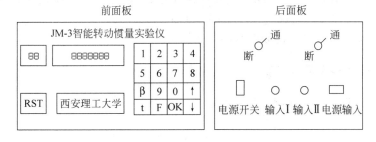

图 2.6.3 JM-3 智能转动惯量实验仪面板图
前面板：左上为脉冲组（个）数显示窗，2 位数码；中上为计时或角加速度显示窗，6 位数码；
RST—复位或重新开始按键；OK—回车键，β—提取角加（减）速度按键；t—提取时间按键；
↑—选择数据组递增按键；↓—选择数据组递减按键；F—软起动按键

2.6.5 实验内容及步骤

1. 安装调试实验装置如图 2.6.2 所示，用信号线将转动惯量仪的光电门和电脑毫秒计输入接口连接起来，只需接通一路，若用输入 I 插孔输入，该通断开关接通（见图 2.6.3）。

2. 开启数字毫秒计，使其进入计数状态。当显示 PP-HELLO，3s 后进入模式设定等待状态 F0164，按动数字键，设为 0125 后，按 OK 键，显示88-888888进入待测状态。

3. 将砝码挂在细线的一端,线的另一端打个结,将打结的一端塞入塔轮转动平台下面的狭缝中,然后线全部缠绕在塔轮上。线挂有砝码的一端放到滑轮上,调整滑轮支架的位置和高度,使滑轮伸出桌面,并且让细线能够水平地跨过滑轮。放开砝码让其自由落下,当砝码落地时线的另一端自动从塔轮的狭缝中脱出。

4. 测量系统的转动惯量。使用 80g 砝码,塔轮半径 2.5cm,让转动惯量仪从最靠近光电门处开始释放,毫秒计数数字跳动,当毫秒计显示 EE 时表示测量存储完成。按 β 键后会出现××b,再按 OK 键显示 β 值,正值为 β_2,PASS 后的负值为 β_1,按 ↑ 键或按 ↓ 键,依次递增或递减,将数据填入表 2.6.1 中。代入公式(2.6.1)求得系统的转动惯量 J_0。

5. 测量待测物的转动惯量。加上被测物圆盘或圆环,重复上步,测量系统的转动惯量 J,则 $J_x = J - J_0$。

6. 将测量值与理论值相比较,得出测量误差。

7. 验证转动定理。将砝码分别取 50g,55g,60g,65g,70g,75g,测量相应的角加速度 β_2,填入表 2.6.2 中,以 m 为横坐标,β_2 为纵坐标作曲线。

8. 验证平行轴定理。将两个移轴砝码置于转动仪上,保持两砝码间距不变,测出其质心位于不同位置时的转动惯量,验证是否满足 $J = J_c + Md^2$(也可以如下操作:将移轴砝码置于转动仪上,分别测出其质心位于 0,1,2,3,4,5 时的转动惯量,以质心到转轴的距离 d^2 为横坐标,以 J 为纵坐标作出图线。如是直线则平行轴定理得到验证)。

2.6.6　注意事项

1. 调节小滑轮的高度,使绕在塔轮与通过定滑轮的拉线保持水平。

2. 拉线一端绕在塔轮上,拉线的端点不能固定在塔轮上,要让拉线在砝码的作用下能够完全脱离塔轮,不会影响圆形承物台的正常旋转。

3. 让转动惯量仪从最靠近光电门处开始释放。

2.6.7　实验数据及处理

测量圆盘(或圆环)的转动惯量,测量数据填入表 2.6.1 中。

表　2.6.1　　　　　　　　　　　　　　　　　　　　　$r = 2.5\text{cm}, m = 80\text{g}$

		1	2	3	4	5	6	$\bar{\beta}$	$J = \dfrac{mgr}{\beta_2 - \beta_1} - \dfrac{\beta_2 mr^2}{\beta_2 - \beta_1} \Big/$ $\text{kg} \cdot \text{m}^2$	$J_x = J - J_0$ $/\text{kg} \cdot \text{m}^2$
空台	β_1								$J_{空台} =$	$J_{待测物体} =$
	β_2									
圆盘 (圆环)	β_1								$J_{空台+待测物体} =$	
	β_2									
理论值	圆盘 $M_1 =$ _____ kg, $R =$ _____ m 圆环 $M_2 =$ _____ kg, $R_内 =$ _____ m, $R_外 =$ _____ m								$J_{圆盘} = \dfrac{1}{2} M_1 R^2 =$ $J_{圆环} = \dfrac{M_2}{2}(R_外^2 + R_内^2) =$	$\eta = \dfrac{|J_理 - J_测|}{J_理} \times 100\% =$

验证转动定理,测量数据填入表 2.6.2 中。

m β_2	50g	55g	60g	65g	70g	75g
β_2						
$\bar{\beta}_2$						

表 2.6.2 $\hspace{11cm}r=2.5\mathrm{cm}$

以质量 m 为横轴,角加速度 β_2 为纵轴,作曲线,如为直线,则转动定理得到验证。

2.6.8 思考题

1. 实验中为什么要从最靠近光电门处开始释放转动惯量仪?
2. 本实验产生误差的主要原因是什么?

2.7 测定空气的相对压力系数

2.7.1 实验目的

1. 研究定容条件下气体压强和温度的关系。
2. 了解硅压阻式差压传感器的工作原理。
3. 测量空气的相对压力系数。

2.7.2 实验仪器

空气相对压力系数仪、差压传感器、单孔恒温水浴锅、玻璃泡、真空泵。

2.7.3 实验原理

理想气体在定容条件下的查理定律为 $\dfrac{p}{T}=\dfrac{p_0}{T_0}$,由此可推得

$$p = \frac{p_0 T}{T_0} = p_0\frac{T_0+t}{T_0} = p_0\left(1+\frac{t}{T_0}\right) = p_0(1+\alpha t) \qquad (2.7.1)$$

其中,$\alpha=\dfrac{1}{T_0}=\dfrac{1}{p_0}\dfrac{\Delta p}{\Delta T}$,称为相对压力系数;$p$ 为理想气体在温度为 $t\,^\circ\mathrm{C}$ 的气体压强;t 为理想气体的摄氏温度;T_0 为 $0\,^\circ\mathrm{C}$ 的开尔文温度值($T_0=273.15\mathrm{K}$);p_0 为理想气体在温度为 $0\,^\circ\mathrm{C}$ 的压强值。

在标准状况下,空气相对压力系数 $\alpha=3.66\times10^{-3}\mathrm{K}^{-1}$(或 $^\circ\mathrm{C}^{-1}$),干燥的空气可以近似看作理想气体,其 α 值与理想气体的标准相差甚小。由式(2.7.1)可知,若将实际气体看作理想气体,对于温度为 $t\,^\circ\mathrm{C}$ 时的定容气体,其压强 p 与其温度 t 呈线性关系。

若将空气加热,设从 (t_n,p_n) 状态到 (t_m,p_m) 状态,由式(2.7.1)得

$$p_n = p_0(1+\alpha t_n), \quad p_m = p_0(1+\alpha t_m)$$

则

$$\alpha = \frac{p_n - p_m}{p_m t_n - p_n t_m} \tag{2.7.2}$$

2.7.4　仪器描述

半导体材料(如单晶硅)因受力而产生应变时,由于载流子的浓度和迁移率的变化而导致电阻率发生变化的现象称为压阻效应。压阻式差压传感器就是利用压阻效应制成的。如图2.7.1所示,端口 D 为参考压力腔,端口 C 为正压力腔。差压传感器的核心是硅膜片。将一恒定电压 E 加在差压传感器上,膜片受应力时,传感器所输出的电压 U 与差压 Δp 呈线性关系

$$U_p = U_0 + k_p^{-1} \Delta p \tag{2.7.3}$$

其中 U_0 为差压为零时的输出电压,系数 k_p 为差压传感器常数,在计算中可以消去。

当 D 腔被抽真空时,由于 C 腔与大气及玻璃泡相通,则 C 腔内的气压为

$$p_1 = k_p(U_1 - U_0) \tag{2.7.4}$$

玻璃泡内气体密封后,改变温度 t ,此时气压为

$$p_m = p_1 + k_p(U_m - U_0) \quad (m = 1,2,3,\cdots) \tag{2.7.5}$$

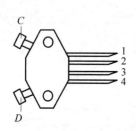

图2.7.1　差压传感器示意图

1、3—电压输出端；2、4—工作电压输入端

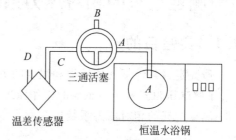

图2.7.2　实验装置

2.7.5　实验内容及步骤

1. 按图2.7.2安装实验装置,在 A 、 B 、 C 相通时,水浴锅内注入水,然后接通水浴锅电源。数字显示的温度为水温,再将水浴温度设定为95℃。

2. 将气体相对压力系数仪的工作电压和输出电压与差压传感器的工作电压和输出电压相连。在 C 、 D 都与大气相通时接通电源,工作电压设定为 $E = 3.00\text{V}$,此时气体相对压力系数仪的数显值为 U_0 (例如18.97mV),记录此数值。

3. 开动真空泵,差压传感器的 D 腔在几秒钟后被抽空,其压强可以认为 0MPa ,此时空气相对压力系数仪显示的数值为 U_1 。当数值显示稳定后才可读取数值,约为135mV。真空表只表示 D 腔是否被抽空,其值不作为参考。

4. 水浴锅加热到95℃时再旋转三通活塞180°,使 A 、 C 相通而与 B 隔绝,即玻璃泡内气体与大气隔绝。

5. 将水浴锅的温度设定在室温以下,每降低2℃,记录温度 T_i 和相应的输出电压 U_i

值,填入表 2.7.1 内,根据式(2.7.2)、式(2.7.4)、式(2.7.5)计算出结果。

6. 实验完后,关掉电源,整理实验仪器。

2.7.6 注意事项

1. 玻璃泡易损坏,操作时要小心,转动三通活塞时一定要缓慢,另一只手要扶住活塞。

2. 恒温水浴锅在加热水中的玻璃泡时,水要浸过多半个玻璃泡,降温时要不断地搅拌,保证测出的水的温度 t 能代表玻璃泡内气体的温度。

3. 抽完真空后,电压表的示数会迅速地降低,当示数稳定后再进行下一步。

2.7.7 实验数据及处理

测量数据填入表 2.7.1。

表 2.7.1   三通活塞与大气相通时 $U_0 = $ _____ mV,D 腔抽真空时 $U_1 = $ _____ mV

$t/℃$	U_i/mV	$p_i = p_1 + k_p(U_i - U_0)$ $(p_1 = k_p(U_1 - U_0))$	$\alpha_i = \dfrac{p_i - p_{i-6}}{p_{i-6}t_i - p_i t_{i-6}}$	$\bar{\alpha}/(℃^{-1})$	$\varepsilon_i = \alpha_i - \bar{\alpha}$	$\sum \varepsilon_i^2$
94						
92						
90						
88						
86						
84						
82			……		……	
80			……		……	
78			……		……	
76			……		……	
74			……		……	
72			……		……	

测量结果:$\alpha = \bar{\alpha} \pm \sigma = $ _____ , $E = \dfrac{\sigma}{\alpha} \times 100\% = $ _____ %

2.7.8 思考题

1. 三通活塞有漏气,对测量结果有什么影响?

2. 在降温时,如何控制好热平衡,降温过快对实验有什么影响?

2.8 空气比热容比的测定

理想气体的比定压热容和比定容热容的比值 c_p/c_V 称为比热容比 γ,也称理想气体的绝热指数。在许多热力学过程特别是绝热过程中,它是一个很重要的参数,在热力学理论及工程技术的应用中起着非常重要的作用,例如,热机的效率及声波在气体中的传播特性都与空气的比热容比 γ 有关。由气体动理论可知,理想气体的 γ 值为 $\gamma = \dfrac{i+2}{i}$,其中, i 为气体分子的自由度。实验中气体的比热容比常通过绝热膨胀法、绝热压缩法等方法来测定。本实验将采用绝热膨胀法测量空气的 γ 值。

2.8.1　实验目的

1. 用绝热膨胀法测定空气的比热容比。
2. 观测热力学过程中状态的变化及基本物理规律。

2.8.2　实验仪器

空气比热容比测定仪装置一套(包括瓶、阀门、橡皮塞、充气球)、动槽水银气压表或空盒式气压表、扩散硅压力传感器及同轴电缆、AD529 温度传感器及同轴电缆、数字电压表、直流稳压电源、电阻箱及导线等。

2.8.3　实验原理

空气比热容比实验装置如图 2.8.1 所示。实验开始时,首先关闭活塞 C_2 。打开活塞 C_1 ,由压气泡将原处于环境大气压强 p_0 、室温 T_0 的空气压入贮气瓶内。打气速度很快时,此过程可近似看成一个绝热压缩过程,此时瓶内空气压强增大,温度升高,然后关闭活塞 C_1 。待稳定后,瓶内空气达到状态 I (p_1, T_1, V_1) , V_1 为贮气瓶容积。随后,瓶内气体通过容器壁与外界进行热交换,温度逐渐下降至室温 T_0 ,达到状态 II (p_2, T_0, V_1) 。

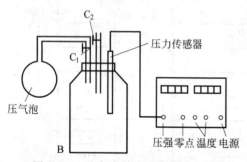

图 2.8.1　空气比热容比仪器示意图

然后突然打开活塞 C_2 ,使瓶内空气与大气相通,到达状态 III (p_0, T_2, V_2) 时迅速关闭活塞 C_2 。由于放气过程很短,故认为此过程是一个近似的绝热过程,即瓶内气体压强减小,温度降低。绝热膨胀过程应该满足泊松定律:

$$\left(\frac{p_2}{p_0}\right)^{\gamma-1} = \left(\frac{T_0}{T_2}\right)^{\gamma} \tag{2.8.1}$$

在最后一个等容过程中,瓶内空气通过容器壁和外界进行热交换,温度逐步回升到 T_0 ,达到状态 IV (p_3, V_3, T_0) 。这是一个等容吸热方程,满足理想气体状态方程:

$$\frac{p_3}{p_0} = \frac{T_0}{T_2} \tag{2.8.2}$$

由式(2.8.2)和式(2.8.1)两式得

$$\left(\frac{p_2}{p_0}\right)^{\gamma-1} = \left(\frac{p_0}{p_3}\right)^{-\gamma} \tag{2.8.3}$$

整理得

$$\gamma = (\ln p_2 - \ln p_0)/(\ln p_2 - \ln p_3) \tag{2.8.4}$$

可见,通过测量 p_0 、 p_2 、 p_3 的值,利用式(2.8.4),可计算出空气的比热容比 γ 的值。

2.8.4　实验内容与步骤

1. 按图 2.8.1 连接好仪器,将电子仪器部分预热 $10\sim20\mathrm{min}$,用容盒式气压表测定大气压强 p_0,通过调零电位器调节零点。

2. 把活塞 C_2 关闭,活塞 C_1 打开。用压气泡把空气稳定地、徐徐地压入气瓶 B 中,待瓶内气压达到一定值后,停止压气,并记录下 T_0 和稳定后的压强值 p_2。

3. 突然打开活塞 C_2,当气瓶的空气压强降低至环境大气压强 p_0 时(即放气声消失),迅速关闭活塞 C_2。

4. 待贮气瓶内空气的压强稳定后,记录 p_2。

5. 用测量公式(2.8.4)进行计算,求得空气比热容比 γ。

2.8.5　实验数据及处理

测量数据填入表 2.8.1 中。

表 2.8.1　　　　　　　　　　　　　　　p_0 _____ Pa, $T_0 =$ _____ ℃

Δp_2	p_2	Δp_3	p_3	γ
$\bar{\gamma} =$ _____,		$\Delta_{\bar{\gamma}} =$ _____,		$\Delta_{\gamma r} =$ _____ %

2.8.6　思考题

1. 该实验的误差来源主要有哪些?

2. 如何检查系统是否漏气? 如有漏气,对实验结果有何影响?

注:空气的公认值: $c_p = 1.0032\mathrm{J}/(\mathrm{g}\cdot℃)$, $c_V = 0.7106\mathrm{J}/(\mathrm{g}\cdot℃)$, $\gamma = 1.412$。

2.9　电位差计的原理与应用

电位差计是利用补偿原理和比较法精确测量直流电位差或电源电动势的常用仪器。其准确度高(可达 0.001%),使用方便,测量结果可靠稳定,常用于间接测量电流、电阻和校正各种精密电表。

线式电位差计是一种常用的教学型板式电位差计,通过其解剖式结构,可以更好地理解和掌握电位差计的基本工作原理和操作方法。

2.9.1　实验目的

1. 了解电位差计的结构,正确使用电位差计。

2. 理解电位差计的工作原理——补偿原理。

3. 掌握线式电位差计测量电池电动势的方法。

4. 熟悉指针式检流计的使用方法。

2.9.2　实验仪器

直流稳压电源、滑线变阻器、板式电位差计、单刀开关、检流计、标准电池、待测电池（干电池）、单刀双掷开关、双刀双掷开关、导线若干等。

2.9.3　实验原理

新旧电池的电动势基本一致，变化的只是内阻，所以采用万用表直接测量两端电动势以区分新旧电池的方法不可取。

电源的电动势在数值上等于电源内部没有净电流通过时两极间的电压 E。如果将电压表连接（并联）到电源两端，就有电流 I 通过电源的内部。由于电源有内阻 r_0，在电源内部不可避免地存在电位降 Ir_0，那么，电压表的指示值只是电源的端电压（$U = E - Ir_0$）的大小。它小于电动势。为了准确测量电源电动势，必须使通过电源的电流 I 为零。此情况下，电源的端电压 U 才等于其电动势 E。

利用以下方法及仪器，使得电源内部无电流通过而又能测定电源的电动势。

1. 补偿原理

如图 2.9.1 所示，把电动势分别为 E_s、E_x 的电源和检流计 G 联成闭合回路。当 $E_s \neq E_x$ 时，回路中有电流通过，检流计指针有偏转。只有 $E_s = E_x$ 时，回路中才没有电流，此时检流计指针也无偏转，称这两个电动势处于补偿状态。

2. 电位差计及其工作原理

如图 2.9.2 所示，粗细均匀的电阻丝 AB、滑线变阻器 R_p、电源开关 K_1 及工作电源 E 组成一个回路，称做工作回路，提供稳定的工作电流 I_0。由标准电源 E_s、检流计 G 和电阻丝 CD 段所构成的回路称为定标（或校准）回路；由待测电源 E_x、检流计 G、电阻丝 CD 段构成的回路称为测量回路。滑线变阻器 R_p 用来调节工作电流 I_0 的大小，从而可以改变电阻丝单位长度上电位差 U_0。C、D 是在电阻丝 AB 上移动的两个活动接触点，以便从电阻丝 AB 上取适当的电位差与测量支路上的电位差（或电动势）做补偿。

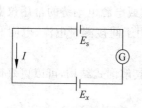

图 2.9.1　补偿电路

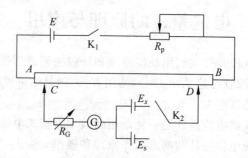

图 2.9.2　电位差计原理图

1）电位差计的定标

定标是指调整工作电流 I_0，使单位长度电阻丝上压降为预期的 U_0 的过程。为了精确地测定未知电动势或电压，通常采用标准电池来定标。

图 2.9.2 中电键 K_2 与 E_s 接通时，接通的 CE_sD 回路称为定标回路。实验室常用的标准电池的电动势为 $E_s = 1.0186\text{V}$，U_0 可选定单位长度电阻丝上的压降为 $U_0 = 0.2000\text{V}$，则 C、D 间的电阻丝长度为

$$l_s = \frac{E_s}{U_0} = \frac{1.0186}{0.2000} = 5.0930\text{(m)} \tag{2.9.1}$$

然后调节滑线变阻器 R_p，以调整工作电流 I_0，使 C、D 上的电势差 U_{CD} 与标准电源 E_s 相互补偿，检流计中指针不偏转，即电位差计达到平衡。电位差计的定标工作完毕。定标后的电位差计可以精确测定不超过 U_{AB} 的电压或电动势。此定标过程是精确测量的关键。

2）测量

在保证 I_0 恒定的前提下，将 K_2 拨向 E_x 端，则 C、D 两点间为待测电源 E_x。通常 $E_s \neq E_x$，则检流计的指针向某一侧偏转，电位差计失衡。于是调整 C、D 点的相对位置，以改变 U_{CD}，当 $U_{CD} = E_x$ 时，电位差计又重新达到平衡，即检流计 G 的指针指零。若被 C、D 两点之间的距离为 l_x，则待测电池的电动势为

$$E_x = \frac{E_s}{l_s} \cdot l_x \tag{2.9.2}$$

其中 $\dfrac{E_s}{l_s} = U_0 = 0.2000\text{V/m}$ 为定标值，则 $E_x = U_0 l_x$ 即为所求。

2.9.4 仪器描述

1. 标准电池

标准电池的电动势稳定性非常好，在一年时间内一级标准电池电动势的变化不超过几微伏，因此常用来作为电压测量的比较标准。标准电池是实验室常用的电动势标准器，分为饱和标准电池与非饱和标准电池两种。只能将标准电池作为电动势测量的比较标准，而绝不能作为电能能源使用。

饱和标准电池的电动势十分稳定，在 20℃ 时，它的电动势为

$$E_{s20} = 1.0186\text{V}$$

在 t℃ 时，它的电动势可按下式修正：

$$E_s = E_{s0} - 0.00004(t-20) - 0.000001(t-20)^2\text{V} \tag{2.9.3}$$

标准电池使用注意事项：

（1）通入或流出标准电池的电流不能超过 1A；否则将使电动势下降，与标准值不符。

（2）正、负极不能接错。

（3）严禁用伏特表、万用表测量它的端电压。

（4）严禁震动、倾斜和倒置。

（5）防止阳光照射及其他光源、热源、冷源的直接作用。

2. 板式电位差计

图 2.9.3 为板式电位差计实物图；图 2.9.4 为测量电路图，MN 之间为粗细均匀的电阻

丝,全长 11m,往复绕在木板 0～10 的 11 个接线插孔上,每两个插孔间电阻丝长为 1m,剩余的 1m 电阻丝固定在标有毫米刻度的米尺之上。利用插头 C 选插在 0～10 号插孔中任意一个位置,插头 C' 在刻度尺上滑动,插头 C、C' 间电阻线长度在 0～11m 范围内连续可调。

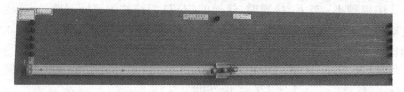

图 2.9.3　板式电位差计实物图

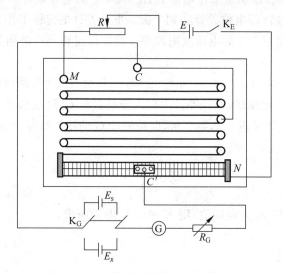

图 2.9.4　电位差计测量电动势线路图

电位差计测量的准确度主要取决于：(1)每段电阻丝长度的准确性和粗细的均匀性；(2)标准电源的准确度；(3)检流计的灵敏度。

用电位差计测量电位差具有下述优点：准确度高、测量范围宽广、灵敏度高、可测量小电压或电压的微小变化、"内阻"高、不影响待测电路。由于采用电位补偿原理,测量时不影响待测电路的原来状态。补偿回路中电流为零(当然不是绝对的,检流计灵敏度越高,越接近于零),对待测电路的影响可以忽略不计。它避免了伏特计测量电位差时总要从被测电路上分流的缺点。

需要注意的是,电位差计的工作条件是多变的,为了保证工作电流标准化,每次测量都必须经定标和测量两个基本步骤,补偿调节操作比较烦琐、费时,需要一定的耐心。

2.9.5　实验内容及步骤

1. 准备

按图 2.9.2 连接电路,并将开关 K_1、K_2 断开。工作电源 E 为直流稳压电源,R_G 为标准电池和检流计的保护电阻,R_p 为滑线变阻器(用以调节工作电流),E_s 为标准电源,E_x 为待测电源,G 为检流计。需要注意的是,电源 E 与标准电池 E_s 和待测电池 E_x 的正负极相对应,不能接反。将保护电阻 R_G 和滑线变阻器 R_p 置于最大阻值位置。

2. 电位差计的定标

选定单位长度电阻丝上的压降 U_0 值后,计算 l_s。将 K_2 拨向 E_s 端,"C"选择适当的插孔,调节"D"位置,使 C、D 间电阻丝长度等于 l_s。然后接通 K_1,改变滑线变阻器 R_p 使工作电流 I_0 增大,同时跃接滑动触头"D",直至 G 的指针不再发生偏转。然后将 R_G 滑动端移动到阻值为零位置,再次细调 R_p,并跃接触头"D",当 G 的指针不偏转时,电位差计定标完毕。断开 K_1,将保护电阻 R_G 恢复到原始的阻值最大位置。

3. 测量未知电源电动势

粗调:K_2 拨向 E_x,估计 l_x 的大约长度,将"C"插入适当插孔(本步可以采取试探的方式来快速选择插孔)。

细调:接通 K_1,移动滑动键并断续按下滑动触头"D",直到检流计 G 的指针基本不偏转(本步可采用二分法找到 G 的指针向反向偏转的两个位置,可以迅速逼近平衡点)。

微调:取保护电阻 R_G 的值为零(短接 R_G),微调触点 D 位置,至完全平衡,记录此时 l_x 值。

4. 计算 E_x

待测电源电动势的计算公式:
$$E_x = U_0 \cdot l_x$$

5. 重复步骤 2,3 进行测量,共测 6 次,将测量数据填入表格。定标时 U_0 可改为其他值。

2.9.6 注意事项

1. 标准电池应防止震动、倾斜等不当操作,严禁用电压表直接测量其端电压,实验时接通时间不宜过长,不能短路。

2. 接线时,所有电池的正、负极不能接反;否则补偿回路永远调不到平衡的补偿状态。

3. 检流计不能通过较大电流,故 C、D 接入时,电键 D 按下的时间应尽量短,即应该取跃接法。

2.9.7 实验数据及处理

测量的数据填入表 2.9.1 中。

表 2.9.1 $E_{s20}=1.0186V$, $t=\underline{\quad}$℃, $E_s=\underline{\quad}$ V

测量次数	电阻丝长度 l_x	待测电动势 E_{xi}	$\overline{E}_x$	$\varepsilon_{E_{xi}}=|\overline{E}_x-E_{xi}|$	$\sigma=\sqrt{\dfrac{\sum \varepsilon_{E_{xi}}^2}{n(n-1)}}$
1					
2					
3					
4					
5					
6					

$E_x=\overline{E}_x\pm\sigma=\underline{\quad}$ V,   相对误差 $E=(\sigma/\overline{E}_x)\times100\%=\underline{\quad}$ %

2.9.8　思考题

1. 电位差计原理是什么？
2. 实验中，若检流计总是偏向一边而无法调平衡，可能的原因有哪些？如何解决？
3. 如何在实验中快速找到平衡点？

2.10　热敏电阻温度特性的测量

直流电桥除了工作在平衡状态用来准确测量未知电阻外，非平衡直流电桥在许多场合，尤其是在自动检测技术中有着广泛的应用。在非平衡电桥中，某一个臂或几个臂可以是传感元件，其阻值可随某一物理量的变化而相应改变，用非平衡电桥可以快速连续地测定其阻值的改变，因此可以得到该物理量的变化信息，从而完成一定的测量。

2.10.1　实验目的

1. 了解非平衡电桥的工作原理。
2. 了解金属电阻的温度特性和测温原理。

2.10.2　实验仪器

非平衡直流电桥测温仪、铜电阻、电阻箱、直流稳压稳流电源、电阻温度系数装置、调压器、单臂电桥。

2.10.3　实验原理

工作原理如图 2.10.1，当电桥在平衡状态时，G 中无电流通过。若有一桥臂的电阻值变化，则电桥失去平衡，I_g 不等于零，I_g 的大小与该桥臂电阻变化有关。若该电阻的变化仅与温度改变有关，就可以用 I_g 电流的大小来表征温度的高低，这是利用非平衡电桥测温度的基本原理。

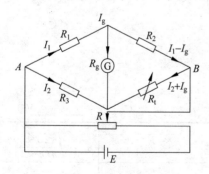

图 2.10.1　非平衡电桥原理图

根据平衡原理，

$$I_1 R_1 + I_g R_g = I_2 R_3 \tag{2.10.1}$$

$$(I_1 - I_g) R_2 - (I_2 + I_g) R_t = I_g R_g \tag{2.10.2}$$

$$I_2 R_3 + (I_2 + I_g) R_t = U_{AB} \tag{2.10.3}$$

联立解得

$$I_g = \frac{U_{AB}\left(1 - \dfrac{2R}{R_3 + R_t}\right)}{R_1 + 2R_g + \dfrac{2 R_3 R_t}{R_3 + R_t}} \tag{2.10.4}$$

I_g 随 R_t 单调变化的条件是 U_{AB}、R_1、R_2 和 R_3 必须是定值。这些量值的大小取决于两个因素，一是 R_t 的温度特性；二是测温仪的上限温度 t_1 和下限温度 t_2。

1. R_1 的确定

已知 $R_1 = R_2$,根据设计要求,当温度为 t_2℃时,G 应满偏。铜电阻的阻值,$R_1 = R_{t2}$,$I_g = I_{gm}$(I_{gm} 是满偏电流值)。代入式(2.10.4),整理后得

$$R_1 = \frac{U_{AB}}{I_{gm}}\left(1 - \frac{2R_{t2}}{R_3 + R_{t2}}\right) - 2\left(R_g + \frac{R_3 R_{t2}}{R_3 + R_{t2}}\right) \tag{2.10.5}$$

由于 $R_3 = R_{t1}$,上式可以写为

$$R_1 = \frac{U_{AB}}{I_{gm}}\left(1 - \frac{2R_{t2}}{R_{t1} + R_{t2}}\right) - 2\left(R_g + \frac{R_{t1} R_{t2}}{R_{t1} + R_{t2}}\right) \tag{2.10.6}$$

可见,微安表内阻 R_g 及测温范围$(t_1 - t_2)$℃确定后,R_1 只取决于 U_{AB} 的大小。

2. R_3 的确定

当温度为 t_1℃时,铜电阻的阻值为 R_{t1} 时,要求微安表指零,此时电桥平衡。对于对称电桥 $R_1 = R_2$,$R_3 = R_{t1}$。所以 R_3 的电阻值应等于铜电阻在测温下限温度$(t_1$℃)时的电阻值。

3. U_{AB} 的确定

U_{AB} 越高,则仪器灵敏度越高,同时流过铜电阻的电流也越大,则容易产生明显的自热效应,从而造成对环境温度的影响。因此规定流经 R_t 的工作电流 I_t 不准超过额定值。在本实验中 $I_t < 0.4$mA,在 $I_g \ll I_t$ 的条件下

$$U_{AB} \leqslant I_{t1}(R_{t1} + R_{t2}) = 3\text{V} \tag{2.10.7}$$

4. 测量铜丝的电阻温度系数

任何物体的电阻都与温度有关,多数金属的电阻随温度升高有如下关系:

$$R_t = R_0(1 + \alpha t) \tag{2.10.8}$$

式中 R_t、R_0 分别是 t℃、0℃时的金属的电阻值,α 是电阻温度系数,在本实验中,α 当作常量。即 R_t 与 t 呈线性关系,于是

$$\alpha = \frac{R_t - R_0}{R_0 t} = \frac{1}{R_0}\frac{\Delta R}{\Delta t} \tag{2.10.9}$$

实验中测出不同温度 t 所对应的电阻 R_t,并以 R_t 为纵轴,以 t 为横轴,作 R_t-t 的关系曲线。从图中求出斜率 $\Delta R / \Delta t$,利用外推法,将直线延长使其与纵轴相交,交点即为 R_0 值,代入式(2.10.8),即可求 α 值。也可用直线拟合法算出 α 值。

2.10.4 实验内容及步骤

1. 测量铜丝的电阻温度系数

(1) 将铜丝电阻和温度计放入水中,温度计头和铜丝电阻应尽量靠近。

(2) 测量室温时的水温及铜丝电阻值。

(3) 从 0℃到 100℃间,每隔 5℃左右测一次温度 t 及相应的电阻值 R_t。

(4) 用惠更斯电桥测铜丝电阻值,要求在大致热平衡时进行测量。

2. 设计非平衡电桥

(1) 参考图 2.10.2 电路,将电源 E 和铜电阻探头 R_t 接到仪器上。

(2) 根据非平衡电桥测温仪的测温范围和铜电阻的温度特性曲线查找 R_{t1} 和 R_{t2} 的量值。

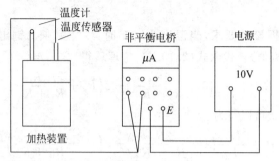

图 2.10.2 连线示意图

（3）计算 R_1 和 R_2 值，并用惠更斯电桥测量到设计值。

（4）调节 R_3 和 U_{AB} 至设计值。将电阻箱接到 R_t 的两接线柱处。取电阻箱的阻值为 R_{t1}，再调 R_3，使电表指零，此时 $R_3 = R_{t1}$。再将电阻的阻值变为 R_{t2}，调节电源电压，使电表满偏，此时 U_{AB} 达到设计值。

（5）调节 R_t，使电表满偏，此时 $R_t = R_{t2}$。注意 R_1、R_2、R_3 调好后不准再改动。

（6）为刻度盘标定（见附录）。

（7）将电阻箱取下，再换上铜电阻探头，这台非平衡电桥测温仪（铜电阻温度计）便设计完成了。

（校验：将探头 R_t 放入水浴中，同时将温度计也放入水浴中，加热后进行比较。）

2.10.5 实验数据及处理

测量数据填入表 2.10.1 中。

表 2.10.1

温度/℃	100	90	80	70	60	50	40	30	20	10
电阻 R_t/Ω										

数据处理：把表 2.10.1 中测量结果利用线性拟合法测出电阻温度系数。

2.10.6 注意事项

1. 实验前将电源旋钮反时针方向调到头，使电压到最小。
2. 小心使用玻璃制品。
3. 注意防止加热装置干烧。

2.10.7 思考题

1. 什么是金属的电阻温度系数？
2. 测量之前为什么校准？
3. 铜电阻温度设计与水银温度计比较有何优缺点？

附录：定标方法（测温范围 0～100℃）

1. 连线后，将电压调到最小，检查无误后，接通电源，调电位器 R 不使电流表超程，同时调节电源电压到 5V(或根据情况而定)。

2. 将温度计和温度传感器一同放入冰水混合物中(0℃),然后调节电位器 R 使电桥平衡,即使微安表 $I_g=0\mu A$。

3. 将温度传感器和温度计置于 100℃ 的加热装置中,达到热平衡后,调节电桥电压 E,使电流表指针到满刻度,即 $I_g=100\mu A$。

4. 定标后,停止加热,每降低 5℃ 记录一次 μA 值,填入表 2.10.2 中。

表   2.10.2

$t/℃$	100	95	90	85	80	75	...	0
电流 $I/\mu A$	100							0

此时即记下电表指针的位置。然后将各温度值描绘在度盘的相应位置上,便完成定标。

2.11   静电场描绘

模拟法是用一种易于实现、便于测量的物理状态或过程来模拟另一种不易实现、不易测量的状态或过程的方法,一般分为物理模拟、数学模拟和计算机模拟等。本实验采用电流场模拟静电场,间接测量静电场的分布。

2.11.1   实验目的

1. 理解模拟法的实验思想、测量原理和应用条件。
2. 加深对电场和电位概念的理解。

2.11.2   实验仪器

DZ-1V 型电场描绘仪、水槽、双层式静电场实验装置。

2.11.3   实验原理

本实验采用稳恒电流场来模拟静电场,稳恒电流场与静电场是两种不同性质的场,但是它们两者在一定条件下具有相似的空间分布,即两种场遵守的规律在形式上相似,且都可以引入电位和电场强度等概念。

1. 柱形电极的电场分布

如图 2.11.1 所示,在真空中有一个半径为 r_1 的长圆柱导体(电极)A 和一个内半径为 r_2 的长圆筒导体(电极)B,它们的中心轴重合。设电极 A、B 的电位分别为 $V_A=V_1$ 和 $V_B=0$(接地),带等量异号电荷,则在两电极之间产生静电场。图 2.11.1(b)和(c)分别为电场、电势横截面和纵截面分布示意图。

设内外柱面单位长度电荷分别为 $+\tau$ 与 $-\tau$。根据高斯定理,在导体 A、B 之间与中心轴距离为 r 的任意一点的电场强度大小为

$$E=\frac{\tau}{2\pi\varepsilon_0 r} \tag{2.11.1}$$

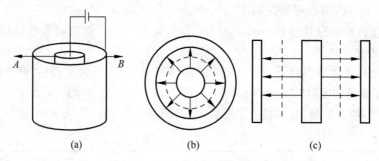

图 2.11.1　柱形电场分布示意图

则

$$dV_r = -E dr = -\frac{\tau}{2\pi\varepsilon_0}\frac{dr}{r} = -K\frac{dr}{r} \tag{2.11.2}$$

积分得

$$V_r = -K\ln r + c \tag{2.11.3}$$

其中 $K = \tau/2\pi\varepsilon_0$。

将边界条件：$r = r_1, V_A = V_1, r = r_2, V_B = 0$ 分别代入上式得

$$V_r = V_1\frac{\ln\left(\dfrac{r_2}{r}\right)}{\ln\left(\dfrac{r_2}{r_1}\right)} \tag{2.11.4}$$

可见 V_r 和 $\ln r$ 是直线关系，并且电位 V_r/V_1 仅仅是坐标 r 的函数。

2. 模拟场的电场分布

将 A、B 间充以电阻率为 ρ、厚度为 t 的均匀导电质（本实验用水），不改变其几何条件及 A、B 的电位，则在 A、B 之间将形成稳恒电流场。在 r 处宽度为 dr 的导电质环的电阻为

$$dR = \rho\frac{dr}{S} = \frac{\rho dr}{2\pi rt} = \frac{\rho}{2\pi t}\frac{dr}{r}$$

对式积分得半径 r 的圆周到半径 r_2 的外柱面之间的电阻为

$$R_r = \frac{\rho}{2\pi t}\int_r^{r_2}\frac{dr}{r} = \frac{\rho}{2\pi t}\ln\left(\frac{r_2}{r}\right) \tag{2.11.5}$$

半径 r_1 的内柱面到半径 r_2 的外柱面的总电阻为

$$R = \frac{\rho}{2\pi t}\ln\left(\frac{r_2}{r_1}\right) \tag{2.11.6}$$

由于 A、B 间为稳恒电流场，且 $V_B = 0$，因此有

$$\frac{V'_r}{V_1} = \frac{R_r}{R} \tag{2.11.7}$$

将式(2.11.5)、式(2.11.6)代入式(2.11.7)，得

$$V'_r = \frac{V_1}{R}R_r = V_1\frac{\ln\left(\dfrac{r_2}{r}\right)}{\ln\left(\dfrac{r_2}{r_1}\right)} \tag{2.11.8}$$

比较式(2.11.4)和式(2.11.8)可知，电流场中的电势分布与静电场中完全相同，可以用

稳恒电流场模拟描绘静电场。

2.11.4 仪器描述

双层静电场测试仪分为上下两层。上层用来卡放描绘等势点的坐标纸,下层安装电极系统。探针也分为上下两个,由手柄连接起来,两探针保证在同一铅垂线上。移动手柄时,上探针在上层坐标纸上的运动和下探针在导电液中的运动轨迹是一样的。下探针的针尖较圆滑,靠弹簧片的作用始终保证与导电液(本实验用水)接触良好。上探针则较尖,实验中,移动手柄由电压表的示数找到所要的等势点时,压下上探针在坐标纸上扎一小孔便记下了与导电液中的位置完全相应的等电势点。

2.11.5 实验内容及步骤

1. 先把记录纸放置在橡皮垫上方(记录盘),用压脚压紧,要求记录纸铺平且位置适中。
2. 按图 2.11.2 连接电路,请老师进行检查。

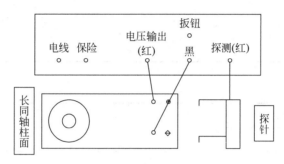

图 2.11.2 实验接线图

3. 将扳钮指向电压输出,调节电压到 6 V(根据实际情况可做调整)。

4. 将扳钮指向探测,将探针放入导电质中,在电压表的指示下(沿半径方向),分别找到电位为 1 V、2 V、3 V、4 V、5 V 的等位面上的一点,然后以每个点做起点绕电极中心移动探针,共找到 9 个点并在记录纸上扎孔。

5. 切断电源,取下记录纸。

6. 根据描出的等点先描出等势线(用三角形外心的方法找圆心),再根据电场线与等势线相垂直的性质画出电场线。

7. 绘制实验曲线 $\ln \bar{r}\text{-}(V_r/V_1)$ 和理论曲线 $\ln r\text{-}(V_r/V_1)$。

8. 选择其他形式的模拟装置进行测量。

2.11.6 注意事项

1. 探针的弹簧片已调整准确,做实验时切勿用手随意扭动。
2. 注意根据检流计的偏转情况来判断电势的高低情况。

2.11.7 实验数据及处理

测量数据填入表 2.11.1、表 2.11.2 和表 2.11.3 中。

表　2.11.1

r_1 (1V)	r_2 (2V)	r_3 (3V)	r_4 (4V)	r_5 (5V)
$\overline{r}_1 =$	$\overline{r}_2 =$	$\overline{r}_3 =$	$\overline{r}_4 =$	$\overline{r}_5 =$

表　2.11.2

V_r/V	1	2	3	4	5
V_r/V_1					
$\ln\overline{r}$					

表　2.11.3

V_r/V	1	2	3	4	5
V_r/V_1					
$\ln r$					

2.11.8　思考题

1. 用电流场模拟静电场的理论依据是什么？
2. 等位线与电场线的形状是否随电源电压改变而发生变化？

2.12　霍尔效应

1879 年，霍尔研究载流导体在磁场中受力的性质时，发现了霍尔效应。目前，根据霍尔效应制成的传感器已广泛用于非电量电测、自动控制和信息处理等方面。

2.12.1　实验目的

1. 了解霍尔效应的实验规律。
2. 了解消除霍尔效应副效应的方法。
3. 学习作图法处理数据。

2.12.2　实验仪器

IL-IV 型霍尔效应实验仪（由实验仪和测试仪两大部分组成）。

2.12.3 实验原理

1. 霍尔效应

如图 2.12.1 所示,一块长方形导电板,宽为 L,厚为 d,放于磁感应强度为 B 的磁场中,当导电板中通以纵向电流 I 时,在板的侧面 3 和 4 之间就呈现出一定的电势差 U_H,这一现象称为霍尔效应。

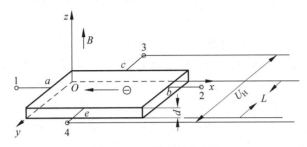

图 2.12.1　霍尔效应原理

霍尔电势差由洛伦兹力引起,设导体板中的载流子电荷为 q,其漂移速度为 v_d,当导电板通有电流时,定向运动的载流子在磁场中受洛伦兹力 F_m 的作用为

$$F_m = qv_d B \tag{2.12.1}$$

在洛伦兹力的作用下,导体板内的载流子将向板的 4 端移动,在 3、4 两侧面上分别积累正、负电荷,从而在 3、4 之间建立一个电场,其电场强度为

$$E_H = \frac{U_H}{L} \tag{2.12.2}$$

该电场给载流子施加一个电场力的作用

$$F_e = qE_H \tag{2.12.3}$$

F_e 与洛伦兹力 F_m 方向相反。F_e 随着 3、4 上电荷的积累而不断增大。当 $F_m = F_e$ 时,就达到了动平衡:

$$qE_H = qv_d B \tag{2.12.4}$$

由以上四式可得

$$\frac{U_H}{L} = v_d B \tag{2.12.5}$$

将 v_d 与电流的关系 $I = qnv_d S = qnv_d Ld$ 代入上式,得霍尔电压为

$$U_H = \frac{IB}{nqd} = R_H \frac{IB}{d} \tag{2.12.6}$$

其中,R_H 称为霍尔系数。

2. 副效应及其消除方法

实际情况比上述推导过程要复杂得多,因此,在此过程中,除霍尔效应外,还有其他一些副效应。实际测出的电压是霍尔效应电压与副效应产生的附加电压的代数和。

(1) 厄廷好森(Etinghausen)效应引起的电势差 U_E。由于电子实际上并非以同一速度 v 沿轴运动,速度大的电子回转半径大,能较快地到达 4 的侧面,从而导致 4 侧面较 3 侧面

集中较多能量高的电子,结果 3、4 侧面出现温差,产生温差电动势 U_E。可以证明 $U_E \propto IB$。

（2）能斯特(Nernst)效应引起的电势差 U_N。焊点 1、2 间接触电阻可能不同,通电发热程度不同,故 1、2 两点间温度可能不同,于是引起热扩散电流。与霍尔效应类似,该热扩散电流也会在 3、4 点间形成电势差 U_N。若只考虑接触电阻的差异,则 U_N 的方向仅与 B 的方向有关。

（3）里纪-勒杜克(Righi-Leduc)效应产生的电势差 U_R。上述热扩散电流的载流子由于速度不同,也会在 3、4 点间形成温差电动势 U_R。U_R 的正负仅与 B 的方向有关,而与 I 的方向无关。

（4）不等电势效应引起的电势差 U_0。由于制造上的困难及材料的不均匀性,3、4 两点实际上不可能在同一条等势线上。因而只要有电流,即使没有磁场 B,3、4 两点间也会出现电势差 U_0。U_0 的正负只与电流 I 的方向有关,而与 B 的方向无关。

综上所述,在确定的磁场 B 和电流 I 下,实际测出的电压是霍尔效应电压与副效应产生的附加电压的代数和。人们可以通过对称测量方法,即改变 I 和磁场 B 的方向加以消除和减小副效应的影响。在规定了电流 I_s 和磁场 B 正、反方向后,可以测量出由下列四组不同方向的 I 和 B 组合的电压。通过上述测量方法,虽然不能消除所有的副效应,但考虑到 U_E 较小,引入的误差不大,可以忽略不计,因此霍尔效应电压 U_H 可近似为

当 I_H 正向、B 正向时:$U'_1 = U'_H + U_0 + U_E + U_N + U_R$

当 I_H 负向、B 正向时:$U'_2 = -U'_H - U_0 - U_E + U_N + U_R$

当 I_H 负向、B 负向时:$U'_3 = U'_H - U_0 + U_E - U_N - U_R$

当 I_H 正向、B 负向时:$U'_4 = -U'_H + U_0 - U_E - U_N - U_R$

那么

$$\overline{U_H} = \frac{1}{4}(U'_1 - U'_2 + U'_3 - U'_4)$$

$$= \frac{1}{4}(|U'_1| + |U'_2| + |U'_3| + |U'_4|) \qquad (2.12.7)$$

U_E 远远小于 $\overline{U_H}$,忽略不计。

2.12.4　仪器描述

IL-IV 型霍尔效应实验组合仪由实验仪和测试仪两大部分组成。

1. 实验仪

实验仪由电磁铁、霍尔元件、I_H 和 I_M 换向开关及 V_H、V_0 测量选择开关组成,结构图如图 2.12.2 所示。电磁铁规格为 50×25,磁铁线包顺时针绕制。霍尔元件材料为 N 型半导体硅单晶片,霍尔片共有二对电极,(c、e)用于测量霍尔电压,(a、b)为工作电流电极。霍尔元件装在样品架上,样品架具有 X、Y 调节功能及读数装置。

2. 测试仪

测试仪面板图如图 2.12.3 所示。

（1）两组恒流源:"I_H 输出"为 $0 \sim 10\text{mA}$ 样品工作电流源,"I_M 输出"为 $0 \sim 1\text{A}$ 励磁电流源。两组电流源彼此独立且均连续可调,由同一个数字电流表进行测量。

（2）直流数字电压表:V_H、V_0 通过切换开关由同一个数字电压表进行测量,当显示器

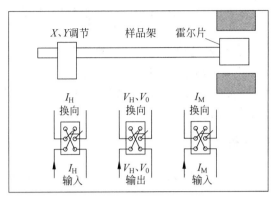

图 2.12.2 实验仪结构图

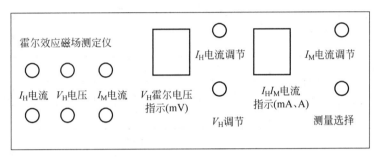

图 2.12.3 测试仪面板图

的数字出现"—",表示被测电压极性为负值。

2.12.5 实验内容及步骤

1. 连接线路。将实验仪上"I_H 输出"、"I_M 输出"和"V_H、V_0 输入"三对接线柱分别与测试仪面板上的三对相应的接线柱正确连接;将 I_H、I_M 调节旋钮逆时针方向到底,使其输出电流趋于最小状态。

2. 接通电源,预热数分钟后,电流表显示"0.000"(当按下"测量选择"键时)或"0.00"(放开"测量选择"键)。若电压表显示不为零,可通过调零电位器来调整。

3. "I_H 输出"与"I_M 输入"调节。将 I_H 及 I_M 换向闸刀掷向任一侧,开关按下为 I_M,弹出为 I_H;"V_H、V_0 输出"切换闸刀掷向任一侧。("I_H 电流调节"和"I_M 电流调节"分别用来控制霍尔片工作电流和励磁电流的大小,其电流随旋钮顺时针方向转动而增加,调节的精度分别可达 $10\mu A$ 和 $1mA$。I_H 和 I_M 读数可通过"测量选择"按键开关来实现)。

4. 绘制 U_H-I_H 曲线。保持 B 不变,即 I_M 一定,测量 U_H 随 I_H 的变化关系。

5. 绘制 U_H-I_M 曲线。保持 I_H 不变,测量 U_H 与 I_M 的变化关系。

6. 将"I_H 电流调节"和"I_M 电流调节"旋钮逆时针方向旋到底,然后切断电源。

2.12.6 注意事项

1. 若 I_H 调节电位器或 I_M 调节电位器起点不为零,将出现电流表指示末位数不为零,亦属正常。

2. 在实验过程中实验仪上的 V_H 开关自始至终应保持闭合；否则 V_H 显示为"1"或出现数字跳动现象。

3. 在改变 I_H 或霍尔元件位置过程中应断开实验仪上的 I_M 换向开关，以防线包长时间通电而发热，导致霍尔元件升温而影响实验结果。

4. 若电源线不接地则可能会出现数字跳动现象。"V_H、V_0 输入"开路或输入电压大于 19.00mV 时电压表会出现溢出现象。

2.12.7　实验数据及处理

U_H-I_H、U_H-I_M 曲线数据表格分别如表 2.12.1 和表 2.12.2 所示。

表　2.12.1　　　　　　　　　　　　　　　　　　　　　　$I_M =$ _____

I_H/mA		2	3	4	5	6	7	8	I_M 开关位置	I_H 开关位置
U_H/mV	U_1									
	U_2									
	U_3									
	U_4									
	$\overline{U}_H$									

表　2.12.2　　　　　　　　　　　　　　　　　　　　　　$I_H =$ _____

$I_M/10^{-1}$A		2	3	4	5	6	7	8	I_M 开关位置	I_H 开关位置
U_H/mV	U_1									
	U_2									
	U_3									
	U_4									
	$\overline{U}_H$									

2.12.8　思考题

1. 若 V_H 显示为"1"或数字跳动，应如何处理？

2. 如何消除霍尔效应的副效应？

3. 如何利用霍尔元件测绘电磁铁间隙磁场分布？

2.13　利用霍尔效应测定螺线管内部的磁场

霍尔效应是测定半导体材料电学参数的主要手段之一，霍尔元件也广泛应用于自动控制和信息处理等方面。本实验利用霍尔效应进行磁场测量。

2.13.1　实验目的

1. 掌握利用霍尔效应测量磁场的原理。

2. 测绘长直螺线管内部的磁场。

2.13.2 实验仪器

螺线管内外磁场测定仪、电源、导线若干。

2.13.3 实验原理

1. 霍尔效应测量磁场的原理

如图 2.13.1 所示,将一个宽度为 b、厚度为 d 的半导体放入磁场中,磁场方向与导体底面垂直。当导体中通入电流 I_H(方向如图 2.13.1)时,在半导体的两侧 A' 和 A 之间会产生一个电势差,这种现象称为霍尔效应。其原因在于当导体中通入电流 I_H 时,由于电子受到洛伦兹力 f_m,聚集到 A 板,从而在 A' 和 A 板之间产生一个电势差 V_H,电势差 V_H 称为霍尔电压。由于 A' 和 A 之间分别聚集了正、负电荷,所以它们之间存在一个从 A' 指向 A 的电场 E_H,使电子受到一个与 f_m 相反方向的作用力 f_e。当 $f_e = f_m$ 时,电子受力平衡。f_e 和 f_m 分别为

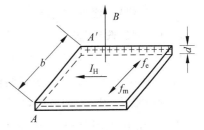

图 2.13.1 霍尔效应原理图

$$f_e = Ee = \frac{V_H}{b}e \qquad (2.13.1)$$

$$f_m = e\bar{v}B \qquad (2.13.2)$$

又因为 $I_H = ne\bar{v}bd$,所以可以得到 V_H 和 I_H 之间的关系为

$$V_H = \frac{1}{ne}\frac{I_H B}{d} \qquad (2.13.3)$$

令 $R_H = \frac{1}{ne}$,式(2.13.3)即可化简为

$$V_H = R_H \frac{I_H B}{d} \qquad (2.13.4)$$

霍尔元件是根据霍尔效应制作而成的电磁转换元件,对于成品的霍尔元件,$\frac{R_H}{d}$ 的值由制作厂家给出,通常称为霍尔元件的灵敏度,用 K_H 表示。式(2.13.4)又可以化简为

$$V_H = K_H I_H B \qquad (2.13.5)$$

实验中通过读取仪器数据得到 V_H 和 I_H,即可得到磁感应强度 B。

2. 螺线管内部磁场

由毕奥-萨伐尔定律计算可得,在一个长为 l、匝数为 N 的单层密绕的直螺线管内轴线上产生的磁感应强度为

$$B = \frac{\mu_0 n I_m}{2}\left(\frac{2x_2}{\sqrt{R^2 + 4x_2^2}} - \frac{2x_1}{\sqrt{R^2 + 4x_1^2}}\right) \qquad (2.13.6)$$

式中:x_1、x_2 分别为所求点到螺线管两端的距离;I_m 为螺线管中通有的励磁电流;$n = \frac{N}{l}$ 为单位长度上线圈的匝数;R 为螺线管的半径;μ_0 为真空中的磁导率。

　　本实验中,给定参数:真空磁导率 $\mu_0=4\pi\times10^{-7}\mathrm{N\cdot A^{-2}}$;螺线管匝数 $N=2900$ 匝;螺线管半径 $R=6.9\mathrm{cm}$;螺线管长度 $l=28\mathrm{cm}$;霍尔元件灵敏度 $K_\mathrm{H}=25\mathrm{mV/mA\cdot T}$。

2.13.4　实验内容及步骤

　　1. 将 I_H 和 I_M 调节旋钮逆时针旋转到底,使其输出电流趋于最小值。

　　2. 将测定仪电源上的"I_H 霍尔电流"、"V_H 霍尔电压"和"I_M 励磁电流"三对插口分别与实验仪的接线柱正确连接。

　　3. 将霍尔各电极及包引线与对应的双刀开关之间的连线接好。

　　4. 打开仪器,预热 10 分钟。

　　5. 将"测量选择"置于 I_H 挡(放键),顺时针旋转"I_H 电流调节"到 2mA。

　　6. 将"测量选择"置于 I_M 挡(按键),顺时针旋转"I_M 电流调节"到 200mA。

　　7. 改变霍尔元件的坐标位置测量不同位置的霍尔电压。实验中由于存在副效应,因此应该分别改变 I_H 和 I_M 的方向,得到四组电势差。并计算出 $\overline{V}_\mathrm{H}$。

　　8. 将 I_H 电流调节和 I_M 电流调节旋钮分别逆时针旋转到底,关机切断电源。

2.13.5　实验数据及处理

　　1. 将实验数据填入表 2.13.1。

表　2.13.1　　　　　　　　　霍尔电流 $I_\mathrm{H}=$ _____ mA,励磁电流 $I_\mathrm{M}=$ _____ mA

坐标位置/cm	1	2	3	…	14	15	16
$V_{\mathrm{H}1}(I_\mathrm{H}$ 正,I_M 正)/mV							
$V_{\mathrm{H}2}(I_\mathrm{H}$ 正,I_M 负)/mV							
$V_{\mathrm{H}3}(I_\mathrm{H}$ 负,I_M 负)/mV							
$V_{\mathrm{H}4}(I_\mathrm{H}$ 负,I_M 正)/mV							
$\overline{V}_\mathrm{H}=\dfrac{V_{\mathrm{H}1}-V_{\mathrm{H}2}+V_{\mathrm{H}3}-V_{\mathrm{H}4}}{4}$/mV							
测量值 $B=\dfrac{\overline{V}_\mathrm{H}}{K_\mathrm{H}I_\mathrm{H}}$/T							
理论值 B/T							

　　2. 画出螺线管内部轴线上的磁感应强度 B 与位置坐标的关系图,即 B-x 图。

2.13.6　注意事项

　　1. 不能将"I_M 输出"接到"I_H 输入"或"V_H 输出";否则通电后霍尔元件会损坏。

　　2. V_H 开关应该在整个实验过程中处于闭合的状态;否则 V_H 显示屏会出现数字跳动现象。

　　3. 在改变 I_M 或霍尔元件位置的过程中应断开 I_M 开关;否则可能会出现因为霍尔元件升温而影响实验结果。

2.13.7　思考题

1. 本实验是采用什么原理测量磁场的?
2. 直螺线管内部磁场分布有什么特点?

2.14　磁场的描绘

磁场测量常用的方法有电磁感应法、半导体(霍尔效应)探测法和核磁共振法。电磁感应法测量磁场是以简单的线圈作为测量元件,利用电磁感应原理直接对磁场进行测量。本实验所研究的亥姆霍兹线圈在物理研究中有许多用处,如产生磁共振,消除地磁的影响等。

2.14.1　实验目的

1. 掌握电磁感应法测磁场的原理。
2. 学习用探测线圈测量载流线圈的磁场的方法。
3. 了解亥姆霍兹线圈磁场的特点。

2.14.2　实验仪器

亥姆霍兹线圈、交直流稳压电源、电源、数字万用表(测小线圈感应电动势用)、探针。

2.14.3　实验原理

磁场是由电流产生的,当载流线圈通上交流电流时,在其周围空间产生交变磁场。将闭合回路置于磁场中,磁通量的变化使之产生感应电动势。通过感应电动势的测定可以得到磁感应强度的大小。

1. 利用毫伏表极大值探测 B 的大小

亥姆霍兹线圈通上交流电流后产生交变磁场,假定置于此磁场中的探测线圈(共有 N 匝)的法线 $\boldsymbol{n}$ 与 $\boldsymbol{B}$ 的夹角为 θ,如图 2.14.1 所示,则通过探测线圈的磁通量为 $\varPhi = N\phi = NBS = NSB_{\mathrm{m}}\cos\theta\sin\omega t$。由于是交变磁场,探测线圈内产生电动势大小为

$$\mathscr{E} = \frac{\mathrm{d}\varPhi}{\mathrm{d}t} = \mathscr{E}_{\mathrm{m}}\cos\omega t \qquad (2.14.1)$$

其中,感应电动势的峰-峰值 $\mathscr{E}_{\mathrm{m}} = NS\omega B_{\mathrm{m}}\cos\theta$。毫伏表读数 V 与峰值 $\mathscr{E}_{\mathrm{m}}$ 之间存在关系 $V = \dfrac{\mathscr{E}_{\mathrm{m}}}{\sqrt{2}}$。当 $\theta = 0$ 时,毫伏表读数最大。继而可得到磁场与电压之间的关系 $B_{\mathrm{m}} = \dfrac{\sqrt{2}}{NS\omega}V_{\mathrm{m}}$。利用这样的关系就可以通过读出毫伏表示数最大值而得到磁场大小。

本实验中通入线圈的电流按照正弦规律变化 $i = I\sin\omega t$,磁感应强度 B 随时间 t 按正弦规律变化 $B = B_{\mathrm{m}}\sin\omega t$,也有 $I_{\mathrm{m}} = \sqrt{2}I$,利用毕奥-萨伐尔定律可以求得中心 O 处(如图 2.14.2)的磁感应强度为

$$B_{\mathrm{m0}} = \frac{\mu_0 N\sqrt{2}I}{2R} \qquad (2.14.2)$$

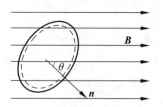

图 2.14.1　磁场中的探测线圈

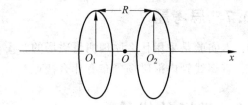

图 2.14.2　测定磁场原理图

其中，R 表示线圈的平均半径，I 表示通过线圈的电流强度。轴线某一位置 X 处的磁感应强度最大值（参照马文蔚《大学物理》第五版）为

$$B_{mX} = \frac{\mu_0 N \sqrt{2} IR^2}{2(R^2 + X^2)^{3/2}} = \frac{\mu_0 N \sqrt{2} IR^2}{2\left[R^2\left(1 + \frac{X^2}{R^2}\right)\right]^{3/2}} = B_{m0}\left(1 + \frac{X^2}{R^2}\right)^{-3/2} \qquad (2.14.3)$$

利用以上两式可以得

$$\frac{B_{mx}}{B_{m0}} = \left[1 + \left(\frac{x}{R}\right)^2\right]^{-3/2} \qquad (2.14.4)$$

式（2.14.4）中的比值为理论计算值。在实验中，将探测线圈放到 X 位置，转动探测线圈使 $\theta = 0°$（探测线圈的法线方向与磁场方向平行），则此时电压读数最大。这时根据毫伏表读数 V 与峰值 $\mathcal{E}_m$ 的关系，位于中心处的磁感应强度与距离中心为 X 处的磁感应强度比值与电压读数之间的关系为

$$\frac{V_X}{V_0} = \frac{B_{mx}}{B_{m0}} \qquad (2.14.5)$$

此比值为实验值。其中 V_x 表示距离中心为 X 处的电压读数最大值，V_0 表示中心处的最大值，通过万用表的读数即可求得磁感应强度的相对值。

2. 利用毫伏表极小值条件探测 B 的方向

B 的方向本来可根据毫伏表读数达到最大值时探测线圈的法线方向来指定，但由于此法灵敏度不高，磁场方向不一定准，因此不如采用转动探测线圈的方位使毫伏表的读数最小（实际为零）来判断磁场的方向较为准确。因为当探测线圈的法线与磁感应强度 B 垂直时电压为零，即毫伏表的读数最小（为零）时就可以准确判定磁场的方向一定是在探测线圈的法线的垂直方向上。这就是利用毫伏表读数"极小值"条件来确定磁场方向的具体含义。

2.14.4　实验内容及步骤

1. 测量圆形电流在轴线上的磁场的分布

（1）实验前，将实验纸剪成 16 开，平铺在工作台上，并且塞进线圈磁场内，实验纸四周用透明胶带纸固定。

（2）按图 2.14.3 连线，经老师检查后，调节调压器，使输出电压约为 10mV。

（3）在实验纸上画好中心线，并找到圆电流的几何中心 O。以 O 为坐标原点，沿 x 轴方向用铅笔描好需要待测的各点位置（每隔 2cm 测一个量点，测量范围要覆盖整个坐标纸区域）。

（4）将探测线圈放置于亥姆霍兹线圈空间中心点 O，水平缓慢转动探测线圈，让毫伏表读数保持最大值。此时细调信号源输出电压，使毫伏表读数达 10mV，此即 V_0 值。

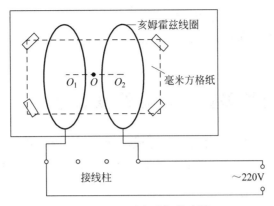

图 2.14.3　测定磁场线路图

（5）保持信号源输出电压不变,将探测线圈依次转移到其他测量点。缓慢转动探测线圈使毫伏表读数达最大,并记录此值 V_m。

（6）测出两个线圈之间的距离即 R,将测量数据填入表 2.14.1 中并和计算值相比较。

（7）以 x 轴为横轴,B_{mx}/B_{m0} 即 V_m/V_0 为纵轴做出分布曲线。

2.　描绘亥姆霍兹线圈空间内磁感应线分布

（1）将探测线圈置于中心点 O,旋转探测线圈使读数最小。然后将探针固定一端,继续利用固定端为轴,旋转探测线圈,使万用表指针读数最小,标记探针的位置。再用探针固定相应的另一端,继续探测,一直探测到坐标纸边界(注意不能将探针始终顺时针或逆时针旋转;否则损害探测线圈)。在方格纸平面上描绘出对称的磁感应线(中心线为界,上下各四条,相邻两条相距约 2cm)。

（2）用铅笔将这些探点描绘成光滑的曲线,即为磁感应线(注意靠近亥姆霍兹线圈边缘空间处的磁场分布)。

3.　将亥姆霍兹线圈反接,探测其磁场分布,并描绘磁感线(注意此时参考点选在 O_1 或 O_2 处,即 $V_{01}=10\text{mV}$)。

2.14.5　实验数据及处理

实验数据填入表 2.14.1。

表　2.14.1　　　　　　　　　　　　　　　　　　　　　　　　　　　　$R=$_____ cm

离开原点距离 x/cm	-8	-6	-4	-2	0	2	4	6	8
毫伏表读数 V_m/mV					10				
$(B_{mx}/B_{m0})_{实验值}=V_m/V_0$					1				
$(B_{mx}/B_{m0})_{理论值}=[1+(x^2/R^2)]^{-\frac{3}{2}}$									

$$E=\frac{(B_{mx}/B_{m0})_{理}-(B_{mx}/B_{m0})_{实}}{(B_{mx}/B_{m0})_{理}}\times100\%=\underline{\qquad}$$

2.14.6　思考题

1. 为什么亥姆霍兹线圈之间的距离等于线圈的半径?

2. 亥姆霍兹线圈能产生强磁场吗？为什么？

3. 如何测定磁场的方向？为什么不根据转动试探线圈使毫伏表达最大值来确定磁场方向呢？

2.15　用箱式电位差计测量温差电动势

电位差计是一种采用补偿法测量电位差或电动势的仪器。由于测量支路中没有电流，因此其测量准确度很高，在生产检测和科学实验中应用广泛。本实验利用箱式电位差计来测定温差电偶的电动势。

2.15.1　实验目的

1. 掌握电位差计的工作原理（补偿原理）和结构特点。
2. 了解热电偶测温度的原理。
3. 学习用电位差计测定热电偶的温差电动势。

2.15.2　实验仪器

箱式电位差计、热电偶、电炉、烧杯、温度计。

2.15.3　实验原理

图 2.15.1 所示为箱式电位差计的工作原理图（可参考实验 2.9）。接通开关 K，待检流

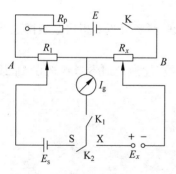

图 2.15.1　箱式电位差计原理

计指针稳定以后，调节旋钮 K_1 使检流计指针指零。测量前要定标，即校准实验中所需工作电流 I 的值，将开关 K_2 合向 S 端（标准端），即将检流计接到标准电池 E_s 一边，调节电阻 R_p，直至检流计指针指零。此时，标准电池的电动势 E_s 和补偿电阻（标准电阻）R_1 的电势降落 IR_1 相等（相互补偿），IR_1、E_s 和检流计所组成的回路中无电流，即 $E_s = IR_1$，则仪器的工作电流

$$I = \frac{E_s}{R_1} \qquad (2.15.1)$$

然后将开关 K_2 合向 X 端（未知端），使检流计接入测量回路，测量未知电动势时可调节电阻 R_x，直至检流计指针再次指零。此时未知电动势与可调标准电阻上的电势降落相等（相互补偿），即

$$E_x = IR_x = \frac{R_x}{R_1}E_s \qquad (2.15.2)$$

由式（2.15.2）可知，在检流计有足够高的灵敏度的前提下，待测电动势 E_x 的精度主要取决于标准电池的电动势 E_s 及 R_x、R_1 的精度。而 E_s 和 R_1 是固定的，即工作电流一定，只要知道可调标准电阻 R_x 的电势降落就可以知道待测电动势 E_x 的大小。

由于工作电源（标准电池）E_s 的电压输出会随时间产生波动，因此，每次测量时都要校准一次工作电流，以保持工作电流不变，但在测量的过程中 R_p 是不能再调的；否则工作电

流就会改变。

2.15.4　仪器描述

热电偶：两种不同种类的金属组成一个闭合回路，当两个接触点处于不同温度时，回路中就会产生电动势，该现象称为热电效应，此电动势称为温差电动势。一般情况下，温差电动势是由于两种金属紧密接触时有接触电位差存在引起的，而接触电位差是由金属接触时双方电子相互扩散的微观过程引起的。温差电动势仅与金属材料和两接触点的温差相关。若一端温度固定而另一端温度变化，则可根据温差电动势 E_x 与温度 t 的关系，画出 E_x-t 图线。

2.15.5　实验内容及步骤

1. 开启电位差计工作电源，预热 5～10 分钟，调节零位调节旋钮使检流计指针指零。

2. 定标。将 K_2 键拨向标准端，再调节电阻 R_P，使检流计指针再次指零，即定标。其后 R_P 不能再动。

3. 将热电偶的正负两极分别接在电位差计测量未知电动势的两个接线柱上，将热电偶置于盛水的烧杯中并用电炉加热，直至水温度到达 95℃ 以上，然后断开电炉电源，则水自然降温。当水温降至不同温度时，将电位差计电键 K_2 拨向未知端，调节仪器使检统计指针指零，记下此时的温度和电动势值。

4. 仿照步骤 2，从 95℃ 到 40℃，每隔 5℃ 记录一次数据，并把测量数据填入表 2.15.1 中。

2.15.6　注意事项

测量完毕，必须将倍率开关拨到"断"位置，电键开关应放在"中间"位置，以免不必要的电池能量损耗。

2.15.7　实验数据及处理

1. 将实验数据填入表 2.15.1 中。

表　2.15.1

温度 t/℃	95	90	85	80	75	70	⋯	50	45	40
E_x/mV										

2. 在直角坐标纸上作 E_x-t 图。

2.15.8　思考题

1. 温差电动势是如何产生的？

2. 在测量过程中，若检流计总向一个方向偏转而无法达到平衡。分析可能的原因，如何处理？

3. 如何利用热电偶来实现对温度的测量？

2.16 单缝衍射实验及光强分布探测

光波的波振面受到阻碍时,光绕过障碍物偏离直线而进入几何阴影区,并在屏幕上出现光强不均匀分布的现象,叫做光的衍射。研究光的衍射不仅有助于进一步加深对光的波动性的理解,同时还有助于进一步学习近代光学实验技术,如光谱分析、晶体结构分析、全息照相、光信息处理等。衍射使光强在空间重新分布,利用硅光电池等光电器件测量光强的相对分布是一种常用的光强分布测量方法。

2.16.1 实验目的

1. 观察单缝夫琅禾费衍射现象。
2. 掌握单缝衍射相对光强的测量方法,并求出单缝宽度。

2.16.2 实验仪器

He-Ne 激光器、单缝及二维调节架、接收屏、光电探测器及移动装置、数字万用表、钢卷尺等。

2.16.3 实验原理

1. 夫琅禾费衍射

衍射是光的重要特征之一。根据光源、衍射孔(或障碍物)、屏三者的相互位置,通常把衍射分为两类:一类是衍射屏离光源或接收屏的距离为有限远的衍射,称为菲涅耳衍射;另一类是衍射屏与光源和接收屏的距离都是无限远的衍射,也就是照射到衍射屏上的入射光和离开衍射屏的衍射光都是平行光的衍射,称为夫琅禾费衍射。菲涅耳衍射解决具体问题时,计算较为复杂。而夫琅禾费衍射的特点是,光到达衍射孔(或障碍物)和到达屏幕时的波前都是平面,所以用简单的计算就可以得出准确的结果。在实验中,夫琅禾费衍射用两个会聚透镜就可以实现。本实验用激光器作光源,由于激光器发散角小,可以认为是近似平行光照射在单缝上;其次,单缝宽度为 0.1mm,单缝距接收屏如果大于 1m,缝宽相对于缝到接收屏的距离足够小,大致满足衍射光是平行光的要求,也基本满足了夫琅禾费衍射的条件。如图 2.16.1,根据惠更斯-菲涅耳原理,单缝 AB 所在处的波阵面上各点发出的子波,在空间某点 P 所引起光振动振幅的大小与面元面积成正比,与面元到空间某点的距离成反比,并且随单缝平面法线与衍射光的夹角(衍射角)增大而减小,计算单缝所在处波阵面上各点发出的子波在 P 点引起光振动的总和,就可以得到 P 点的光强度。可见,空间某点的光强,本质上是光波在该点振动的总强度。

设单缝的宽度 $AB=a$,单缝到接收屏之间的距离是 L,衍射角为 Φ 的光线会聚到屏上 P 点,并设 P 点到中央明纹中心的距离 X_K,可以推出,从 A、B 出射的光线到 P 点的光程差为

$$BC = a\sin\Phi \qquad (2.16.1)$$

如果子波在 P 点引起的光振动完全相互抵消,在 P 点处将出现暗纹。暗纹形成的条件是

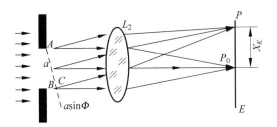

图 2.16.1 单缝衍射示意图

$$a\sin\Phi = 2K\frac{\lambda}{2} \quad (K = \pm 1, \pm 2, \cdots) \tag{2.16.2}$$

在两个第一级（$K = \pm 1$）暗纹之间的区域（$-\lambda < a\sin\Phi < \lambda$）为中央明纹。

由式（2.16.2）可以看出，当光波长的波长一定时，缝宽 a 越小，衍射角 Φ 越大，在屏上相邻条纹的间隔也越大，衍射效果越显著。反之，a 越大，各级条纹衍射角 Φ 越小，条纹向中央明纹靠拢。a 无限大，衍射现象消失。

2. 单缝衍射的光强分布

根据惠更斯-菲涅耳原理可以推出，当入射光波长为 λ，单缝宽度为 a 时，单缝夫琅禾费衍射的光强分布为

$$I = I_0\frac{\sin^2 u}{u^2}, \quad u = \frac{\pi a\sin\Phi}{\lambda} \tag{2.16.3}$$

式中：I_0 为中央明纹中心处的光强度；u 为单缝边缘光线与中心光线的相位差。

根据上面的光强公式，可得单缝衍射的特征如下：

（1）中央明纹。在 $\Phi = 0$ 处，$u = 0$，$\frac{\sin^2 u}{u^2} = 1$，$I = I_0$，对应最大光强，称为中央主极大。中央明纹宽度由 $K = \pm 1$ 的两个暗条纹的衍射角所确定，即中央亮条纹的角宽度为 $\Delta\Phi = \frac{2\lambda}{a}$。

（2）暗纹。当 $u = \pm k\pi$，$k = \pm 1, 2, 3, \cdots$ 即 $\pi a\sin\Phi/\lambda = \pm k\pi$ 或 $a\sin\Phi = \pm k\lambda$ 时，有 $I = 0$。任何两相邻暗条纹间的衍射角的差值 $\Delta\Phi = \frac{\lambda}{a}$，即暗条纹是以点 O 为中心等间隔左右对称分布的。

（3）次级明纹。在两相邻暗纹间存在次级明纹，它们的宽度是中央亮条纹宽度的一半。这些亮条纹的光强最大值称为次极大，其角位置依次是

$$\sin\Phi = \pm 1.43\frac{\lambda}{a}, \pm 2.46\frac{\lambda}{a}, \pm 3.47\frac{\lambda}{a}, \cdots \tag{2.16.4}$$

把上述的值代入光强公式（2.16.3）中，可求得各级次明纹中心的强度为

$$I = 0.047I_0, 0.016I_0, 0.008I_0, \cdots \tag{2.16.5}$$

从上面特征可以看出，各级明纹的光强随着级次 K 的增大而迅速减小，而暗纹的光强亦分布其间，单缝衍射图样的相对光强分布如图 2.16.2 所示。

3. 单缝宽度 a 的测量

由于 $L > 1\text{m}$，因此衍射角很小，$\Phi \approx \sin\Phi \approx \frac{X_K}{L}$，得暗纹生成条件：

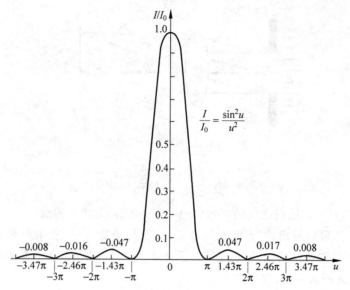

图 2.16.2　单狭缝衍射相对光强度分布

$$a\sin\Phi = 2K\frac{\lambda}{2}$$

即

$$a\Phi = K\lambda \tag{2.16.6}$$

得单缝的宽度

$$a = \frac{K\lambda}{\Phi} = \frac{LK\lambda}{X_K} \tag{2.16.7}$$

式中, L 为单缝到硅光电池之间的距离; X_K 为不同级次暗条纹相对中央主极大之间的距离。

2.16.4　实验内容及步骤

1. 调整光路。图 2.16.3 是实验装置图。调整仪器同轴等高，激光垂直照射在单缝平面上，接收屏与单缝之间的距离大于 1m。

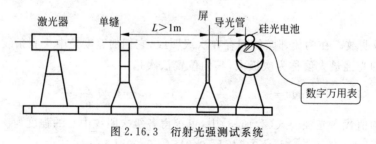

图 2.16.3　衍射光强测试系统

2. 观察单缝衍射现象。改变单缝宽度，观察衍射条纹的变化，观察各级明条纹的光强变化。

3. 测量衍射条纹的相对光强。

（1）本实验用硅光电池作为光电探测器件测量光的强度，把光信号变成电信号，再接入测量电路，用数字万用表（200mV 挡）测量光电信号。

（2）测量时，从一侧衍射条纹的第 3 个暗纹中心开始，记下此时鼓轮读数，同方向转动鼓轮，中途不要改变转动方向。每移动 1mm，读取一次数字万用表读数，一直测到另一侧的第 3 个暗纹中心。

注意："挡光"测量衍射光强 I 值时，屏必须一直挡住导光管，仅在每次读数时移去，读完立即挡住。避免硅光电池因疲劳而出现非线性光电转换，并能延长硅光电池的使用寿命。

4. 测单缝宽度 a。

（1）使屏上出现清晰的衍射条纹。固定缝的宽度，用尺子量出第 K 级暗纹的中心到中央亮条纹中心的距离 X_K（测三次取平均值）。量毕，关闭激光器。

（2）用钢卷尺测出单缝到光屏之间的距离 L（绝对误差控制在 0.5cm，是完全有可能的）。

（3）拨开弹簧压片，取下单缝，用测长显微镜测量单缝的宽 a（测三次，取平均值）。

2.16.5　实验数据及处理

衍射条纹的相对光强、单缝宽度的测量数据分别填入表 2.16.1 和表 2.16.2 中。

表　2.16.1

X								
I								
I/I_0								

将所测得的 I 值做归一化处理，即将所测的数据对中央主极大取相对比值 I/I_0（称为相对光强），并在直角坐标纸上作 I/I_0-X 曲线。由图中找出各次极大的相对光强，分别与理论值进行比较。

表　2.16.2

K	-1	-2	-3	$+1$	$+2$	$+3$
X_K						,
L						
a						

从所描出的分布曲线上，确定 $K=\pm1,\pm2,\pm3$ 时的暗纹位置 X_K，将 X_K 值与 L 值代入公式（2.16.7）中，计算单缝宽度 a，并与用测长显微镜测得值比较。

2.16.6　思考题

1. 图 2.16.3 中没有聚焦透镜，为什么？

2. 为什么单缝衍射光强分布中的次极大远不如主极大那么强？

3. 改变狭缝宽度时衍射图样会有哪些变化？若缝宽减小到一半或增加一倍时，衍射图样会有哪些相应的变化？试根据理论公式结合实际观察作出判断。

2.17　分光计的调整与使用

衍射光栅是利用单缝衍射和多缝干涉原理使光发生色散的元件。它是在一块透明板上刻有大量等宽度等间距的平行刻痕，每条刻痕不透光，光只能从刻痕间的狭缝通过。因此，衍射光栅（简称为光栅）可以看成是由大量相互平行且等宽等间距的狭缝组成的。由于光栅具有较大的色散率和较高的分辨本领，它已被广泛地应用于各种光谱仪器中。光栅一般分为两类：一类是利用透射光衍射的透射光栅；另一类是利用两刻痕间的反射光衍射的反射光栅。本实验选用的是透射光栅。

2.17.1　实验目的

1. 加深对光的衍射理论及光栅分光原理的理解。
2. 熟悉分光计的调整和使用。
3. 观察光栅衍射的现象，测量钠光灯谱线的波长。

2.17.2　实验仪器

分光计、光栅、钠光灯、平面镜等。

2.17.3　实验原理

一束平行单色光垂直入射到光栅上，光栅的每条狭缝的光都产生衍射，而通过光栅不同狭缝的光还要发生干涉，因此光栅的衍射条纹实际是衍射和干涉的总效果。如图2.17.1所

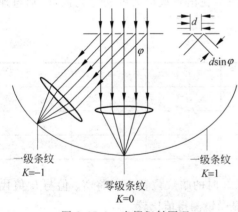

示，单色光垂直入射到光栅常数为 d 的光栅上，光栅出射的衍射光束经过透镜会聚于焦平面上，就产生一组衍射条纹。设衍射光线与光栅法线所成的夹角（即衍射角）为 φ，则相邻透光狭缝的出射光到达接收屏时的光程差为

$$\Delta = d\sin\varphi \qquad (2.17.1)$$

当此光程差等于入射光波长的整数倍时，产生明条纹。因而，单色光垂直入射时的明纹条件为

一级条纹
$K=-1$　　　　　　一级条纹
$K=1$

零级条纹
$K=0$

图 2.17.1　光栅衍射原理

$$d\sin\varphi_K = K\lambda \quad (K = 0, \pm 1, \pm 2, \cdots)$$
$$(2.17.2)$$

式中：λ 为单色光波长；K 为亮条纹级次；φ_K 为 K 级谱线的衍射角。该方程是研究光栅衍射的重要公式，称为光栅方程。由式（2.17.2）可以看出，如果入射光为复色光，$K=0$ 时，有 $\varphi_0=0$，不同波长的零级亮纹重叠在一起，则零级条纹仍为复色光。当 K 为其他值时，不同波长的同级亮纹因有不同的衍射角而相互分开，即有不同的位置。因此，在透镜焦平面上将出现按短波向长波的次序自中央零级向两侧依次分开排列的彩色谱线。这种由光栅分光产生的光谱称为光栅光谱。图2.17.1是单色光垂直入射光栅示意图。中央亮线是零级主极大，在它的左右两侧各分布着 $K=\pm1$ 的衍射谱线，称为第一级光栅衍射谱线。向外侧还有

第二级,第三级谱线等。

本实验所使用的实验装置是分光计,如图 2.17.2 所示。光源为钠光灯,光进入平行光管后垂直入射到光栅上,通过望远镜可观察到光栅谱线。对应于某一级光谱线的 φ 角可以精确地在刻度盘上读出。根据光栅公式,若钠光灯谱线波长已知,则可求得光栅常数。反之,若已知光栅常数 d 则可求得光波波长。

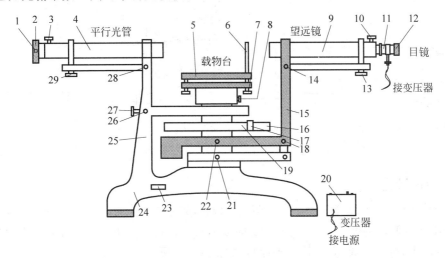

图 2.17.2 分光计基本结构

1—狭缝调节螺丝;2—狭缝;3—狭缝锁紧螺丝;4—平行光管;5—载物台;6—夹持待测物簧片;
7—载物台调节螺丝(3 个);8—载物台锁紧螺丝;9—望远镜;10—目镜锁紧螺丝;11—自准目镜装置;
12—目镜调焦手轮;13—望远镜光轴仰角调节螺丝;14—望远镜光轴水平调节螺丝;15—望远镜支架;
16—游标盘;17—游标;18—望远镜微调螺丝;19—度盘;20—目镜照明电源;21—望远镜支架制动螺丝;
22—望远镜支架与刻度盘锁紧螺丝;23—分光计电源插座;24—底座;25—平行光管支架;
26—游标盘微调螺丝;27—游标盘制动螺丝;28—平行光管水平调节螺丝;29—平行光管光轴仰角调节螺丝

2.17.4 仪器描述

如图 2.17.2 所示,分光计主要由五个部件组成:三角底座、平行光管、望远镜、刻度圆盘和载物台。

1. 平行光管

如图 2.17.3 所示,平行光管用于产生平行光。在其圆柱形筒的一端装有可伸缩的套筒,套筒末端有一狭缝,筒的另一端装有消色差透镜组。当伸缩狭缝装置恰位于透镜的焦平面上时,平行光管就出射平行光。可通过调节平行光管光轴水平调节螺丝 28 和平行光管光轴仰角调节螺丝 29 来改变平行光管光轴的方向,通过调节狭缝宽度调节螺丝 1 来改变狭缝宽度及入射光束宽度。

2. 望远镜

望远镜用于观察及定位被测光线。它是由物镜、自准目镜和十字刻度线所组成,本实验所使用的分光计带有阿贝式自准目镜,其结构如图 2.17.4 所示。照明光源自筒侧进入,经三棱镜反射后照亮分划板上十字叉丝。分划板与目镜及物镜间的距离皆可调,当叉丝位于物镜焦平面上时,叉丝发出的光经物镜后成为平行光。该平行光经双面反射镜反射后,再经物镜聚焦在分划板平面上，形成十字叉丝的像（绿色）。望远镜调好后，从目镜中可同时看清十字刻度线和叉丝的"十"字像，且两者间无视差。另外，可通过调节望远镜光轴仰角调节螺丝 13 和望远镜光轴水平调节螺丝 14 来改变望远镜光轴的方向。

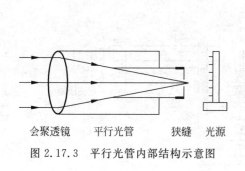

图 2.17.3　平行光管内部结构示意图

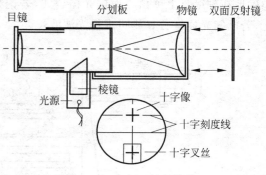

图 2.17.4　望远镜的结构

3. 刻度圆盘

分光计出厂时，已经将刻度盘平面调到与仪器转轴垂直并加以固定。刻度圆盘被分成 360°，最小分度值是半度（30′）。小于半度的数值可在游标上读出，两个游标在黑色内盘边缘对径方向上，游标分成 30 小格。游标与载物台固连，可绕仪器转轴转动。刻度盘读数方法与游标卡尺的读数方法相似，如图 2.17.5 所示读数为 116°15′。为了消除刻度盘与分光计中心轴线之间的偏心差，在刻度盘同一直径的两端各装有一个游标。测量时，两个游标都应读数，然后计算出左右两侧读数的差，再取平均值。该平均值即为望远镜（或载物台）转过的角度。

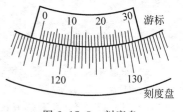

图 2.17.5　刻度盘

例如，望远镜（或载物台）由位置 Ⅰ（游标 1 读数为 φ_1，游标 2 读数为 φ_1'）转到位置 Ⅱ（游标 1 读数为 φ_2，游标 2 读数为 φ_2'）时，则望远镜（或载物台）转过的角度为

$$\varphi = \frac{1}{2}(|\varphi_2 - \varphi_1| + |\varphi_2' - \varphi_1'|) \tag{2.17.3}$$

另外，计算望远镜转过的角度时，要注意游标是否经过刻度盘零点。例如望远镜由位置 Ⅰ 转到位置 Ⅱ 时，对应的游标读数分别为 $\varphi_1 = 175°45′$，$\varphi_1' = 355°45′$，$\varphi_2 = 295°43′$，$\varphi_2' = 115°43′$，游标 1 未跨过零点，望远镜转过的角度 $\varphi = \varphi_2 - \varphi_1 = 119°58′$；游标 2 跨过了零点，这时望远镜转过的角度应按下式计算 $\varphi = (360° + \varphi_2') - \varphi_1' = 119°58′$。如果从游标读出的角度 $\varphi_2 < \varphi_1$，$\varphi_2' < \varphi_1'$，而游标又未经过零点，则计算结果应取绝对值。

2.17.5　实验内容及步骤

1. 分光计的调整

调整要求：（1）望远镜聚焦平行光，且其光轴及平行光管光轴与分光计中心轴垂直；（2）载物台平面与分光计中心轴垂直。

1）望远镜调节

（1）目镜调焦：目镜调焦的目的是使眼睛通过目镜能很清楚地看到目镜中分划板上的

刻线和叉丝：接通仪器电源，把目镜调焦手轮 12 旋出，然后一边旋进一边从目镜中观察，直到分划板刻线成像清晰，再慢慢地旋出手轮，至目镜中刻线的清晰度将被破坏而未被破坏时为止。旋转目镜装置 11，使分划板刻线水平或垂直。

（2）望远镜调焦：望远镜调焦的目的是将分划板上的十字像调整到焦平面上，也就是望远镜对无穷远聚焦。其方法如下：将双面反射镜紧贴望远镜镜筒，从目镜中观察，找到从双面反射镜反射回来的光斑，前后移动目镜装置 11，对望远镜调焦，使绿十字成像清晰。往复移动目镜装置，使绿十字像与分划板上十字刻度线无视差，最后锁紧目镜装置锁紧螺丝 10。

（3）调节望远镜光轴垂直于分光计中心轴（各调一半法）。

调节如图 2.17.6 所示的载物台调平螺丝 b 和 c 以及望远镜光轴仰角调节螺丝 13，使分别从双面反射镜的两个面反射的绿十字像皆与分划板上方的十字刻度线重合，如图 2.17.7（a）所示。此时望远镜光轴就垂直于分光计中心轴了。具体调节方法如下。

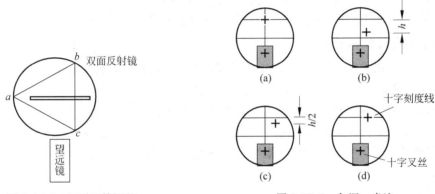

图 2.17.6　用平面镜调整　　　　图 2.17.7　各调一半法

① 将双面反射镜放在载物台上，使镜面处于任意两个载物台调平螺丝间连线的中垂面，如图 2.17.6 所示。

② 目测粗调。用目测法调节载物台调平螺丝 7 及望远镜、平行光管光轴仰角调节螺丝 13、29，使载物台平面及望远镜、平行光管光轴与分光计中心轴大致垂直。由于望远镜视野很小，观察的范围有限，要从望远镜中观察到由双面反射镜反射的光线，应首先保证该反射光线能进入望远镜。因此，应先在望远镜外找到该反射光线。转动载物台，使望远镜光轴与双面反射镜的法线成一小角度，眼睛在望远镜外侧旁观察双面反射镜，找到由双面反射镜反射的绿十字像，并调节望远镜光轴仰角调节螺丝 13 及载物台调平螺丝 b 和 c，使得从双面反射镜的两个镜面反射的绿十字像的位置与望远镜处于同一水平状态。

③ 从望远镜中观察。转动载物台，使双面反射镜反射的光线进入望远镜内。此时在望远镜内出现清晰的绿十字像，但该像一般不在图 2.17.7（a）所示的分划板上方的十字刻度线上，而与分划板上方的十字刻度线有一定的高度差，如图 2.17.7（b）所示。调节望远镜光轴仰角调节螺丝 13，使高度差 h 减小一半，如图 2.17.7（c）所示；再调节载物台调平螺丝 b 或 c，使高度差全部消除，如图 2.17.7（d）所示。再细微旋转载物台，使绿十字像和分划板上方的十字刻度线完全重合，如图 2.17.7（a）所示。

④ 旋转载物台，使双面反射镜转过 180°，则望远镜中所看到的绿十字像可能又不在准

确位置，重复步骤③所述的各调一半法，使绿十字像位于望远镜分划板上方的十字刻度线的水平横线上。

⑤ 重复上述步骤③、④，使经双面反射镜两个面反射的绿十字像均位于望远镜分划板上方的十字刻度线的水平横线上。

至此，望远镜的光轴完全与分光计中心轴垂直。此后，望远镜光轴仰角调节螺丝 13 不能再调节。

2）调整平行光管

（1）去掉双面反射镜，打开钠光灯光源。

（2）打开狭缝，松开狭缝锁紧螺丝 3。从望远镜中观察，同时前后移动狭缝装置 2，直至狭缝成像清晰为止。然后调整狭缝宽度为 1mm 左右（用狭缝宽度调节手轮 1 调节）。

（3）调节平行光管的倾斜度。将狭缝转至水平，调节平行光管光轴仰角调节螺丝 29，使狭缝像与望远镜分划板的中心横线重合。然后将狭缝转至竖直方向，使之与分划板十字刻度线的竖线重合，并无视差。最后锁紧狭缝装置锁紧螺丝 3。此时平行光管出射平行光，并且平行光管光轴与望远镜光轴重合。至此分光计调整完毕。

2. 用光栅衍射测光的波长

1）要利用光栅方程测光波波长，就必须调节光栅平面使其与平行光管和望远镜的光轴垂直。先用钠光灯照亮平行光管的狭缝，使望远镜目镜中的分划板上的中心垂线对准狭缝的像，然后固定望远镜。将装有光栅的光栅支架置于载物台上，使其一端对准调平螺丝 a，一端置于另两个调平螺丝 b、c 的中点，如图 2.17.8 所示，旋转游标盘并调节调平螺丝 b 或 c。当从光栅平面反射回来的"十"字像与分划板上方的十字线重合时，如图 2.17.9 所示，固定游标盘。

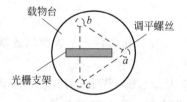

图 2.17.8　光栅支架的位置

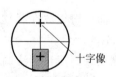

图 2.17.9　分划板

2）调节光栅刻痕与转轴平行。用钠光灯照亮狭缝，松开望远镜紧固螺丝，转动望远镜可观察到 0 级光谱两侧的 ±1、±2 级衍射光谱，调节调平螺丝 a（不得动 b、c）使两侧的光谱线的中点与分划板中央十字线的中心重合，即使两侧的光谱线等高。重复 1）、2）的调节，直到两个条件均满足为止。

3）测钠黄光的波长。

（1）转动望远镜，找到零级条纹像并使之与分划板上的中心垂线重合，左转和右转分别找到左一级和右一级条纹。然后右转望远镜，至右一级条纹之外。

（2）左转望远镜，找到右一级条纹，并使之与分划板上的中心垂线重合，读出刻度盘上对径方向上的两个角度 $\varphi_{右}$ 和 $\varphi'_{右}$，并记入表 2.17.1 中。继续转动转望远镜，找到零级条纹像并使之与分划板上的中心垂线重合，读出刻度盘上对径方向上的两个角度 φ_0 和 φ'_0，再继续左转望远镜，找到另一侧的一级像，并使之与分划板上的中心垂线重合，读出刻度盘上对径方向上的两个角度 $\varphi_{左}$ 和 $\varphi'_{左}$,并记入表中(测量时只向一个方向转动是为了避免引起较大的空回误差)。

3. 观察光栅的衍射光谱

将光源换成复合光光源(白炽灯),通过望远镜观察光栅的衍射光谱。

2.17.6 注意事项

1. 分光计的调节十分费时,调节好后,实验时不要随意变动,以免重新调节而影响实验的进行。

2. 实验用的光栅是由明胶制成的复制光栅,衍射光栅玻璃片上的明胶部位,不得用手触摸或纸擦,以免损坏其表面刻痕。

3. 转动望远镜前,要松开固定它的螺丝;转动望远镜时,手应持着其支架转动,不能用手持着望远镜筒转动。

2.17.7 实验数据及处理

测量数据填入表 2.17.1 中。

表 2.17.1 光栅常数 $d=$ _____ (钠光波长 $\lambda_0=589.3\text{nm}$)

零级像位置		$\varphi_0=$	$\varphi'_0=$
右一级像	位置	$\varphi_{右}=$	$\varphi'_{右}=$
	偏转角	$\lvert\varphi_{右}-\varphi_0\rvert=$	$\lvert\varphi'_{右}-\varphi'_0\rvert=$
左一级像	位置	$\varphi_{左}=$	$\varphi'_{左}=$
	偏转角	$\lvert\varphi_{左}-\varphi_0\rvert=$	$\lvert\varphi'_{左}-\varphi'_0\rvert=$
一级衍射角平均值		$\overline{\varphi}_1=\dfrac{1}{4}[\lvert\varphi_{右}-\varphi_0\rvert+\lvert\varphi'_{右}-\varphi'_0\rvert+\lvert\varphi_{左}-\varphi_0\rvert+\lvert\varphi'_{左}-\varphi'_0\rvert]=$	

根据式(2.17.2)求得: $\lambda=$ _____ nm;

绝对误差: $\delta=\lvert\lambda-\lambda_0\rvert=$ _____ ,相对误差 $E=\dfrac{\lvert\lambda-\lambda_0\rvert}{\lambda_0}\times100\%=$ _____ %。

2.17.8 思考题

1. 分光计的主要部件有哪四个? 分别起什么作用?

2. 调节望远镜光轴垂直于分光计中心轴时很重要的一项工作是什么? 如何才能确保在望远镜中能看到由双面反射镜反射回来的绿十字叉丝像?

3. 为什么利用光栅测光波波长时要使平行光管和望远镜的光轴与光栅平面垂直?

4. 用复合光源做实验时观察到了什么现象,怎样解释这个现象?

2.18 牛顿环干涉测量平凸透镜的曲率半径

本实验通过一曲率半径很大的平凸透镜和一平板玻璃组成的牛顿环装置观察产生的牛

顿环干涉条纹,进而测得平凸透镜的曲率半径。

2.18.1　实验目的

1. 加深对等厚干涉原理的理解。
2. 掌握利用牛顿环测定透镜曲率半径的方法。
3. 学会运用逐差法来消除系统误差。

2.18.2　实验仪器

牛顿环装置、钠光灯、读数显微镜、45 度角半反半透镜。

2.18.3　实验原理

1. 等厚干涉

将一曲率半径很大的平凸透镜放于平板玻璃上,使其凸面与平板玻璃接触,两者之间会形成一同心带状空气膜。若以平行单色光垂直入射,入射光将在此薄膜上下两表面反射,两束反射光因具有一定光程差而产生干涉现象。从透镜俯视,干涉图样应是以两玻璃接触点为中心的一组非等间距的、明暗相间的同心圆环,如图 2.18.1 所示。该圆环图样称为牛顿环,通常也将这个装置称做"牛顿环"。

由薄膜干涉理论可知,反射光的干涉条件为

明条纹:　　　　　　　$2e+\lambda/2=2K\lambda/2$　　$(K=1,2,3,\cdots)$

暗条纹:　　　　　　　$2e+\lambda/2=(2K+1)\lambda/2$　　$(K=0,1,2,3,\cdots)$　　　　（2.18.1）

根据截面的几何图形可知(如图 2.18.2 所示):

$$r^2=R^2-(R-e)^2=2Re-e^2\approx2Re \qquad (2.18.2)$$

其中,e 为空气薄膜厚度,λ 为入射光波长。

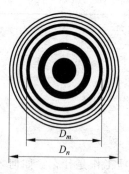

图 2.18.1　牛顿环干涉条纹

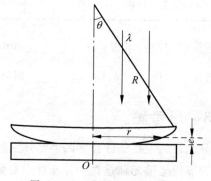

图 2.18.2　牛顿环装置示意图

由以上两式得,牛顿环 n 级暗环的半径 r_n 与平凸透镜的曲率半径 R 及入射光波长 λ 之间的关系:

$$r_n = \sqrt{nR\lambda} \qquad (2.18.3)$$

如已知 λ,再用实验方法测得暗环半径 r_n,就可以根据上式算出球面的曲率半径 R。

2. 用牛顿环测透镜的曲率半径

由于平板玻璃和平凸透镜的接触点受力会产生形变,而且接触点处也可能存在尘埃或缺陷等,故牛顿环的中心可能不是暗点而使级数 K 难以确定。加之牛顿环的干涉条纹并不锐细,在测量直径时基线对准条纹时的定位误差约为条纹间距的 1/10,因此并不能直接根据式(2.18.3)进行测量。为了提高测量精度,必须设法利用这些环纹,现在不妨假设某一暗环的序数为 n(即从清晰的暗环开始数至该指定暗环的数目),级数为 $n+j$,另一暗环的序数为 m,级数为 $m+j$,两暗环半径分别为 r_n 和 r_m,则由式(2.18.3)得到

$$r_n^2 = (n+j)R\lambda$$
$$r_m^2 = (m+j)R\lambda$$

以上两式相减得到

$$r_m^2 - r_n^2 = (m-n)R\lambda$$

于是得到

$$R = \frac{r_m^2 - r_n^2}{(m-n)\lambda} = \frac{D_m^2 - D_n^2}{4(m-n)\lambda} \tag{2.18.4}$$

其中, D_m 和 D_n 分别为第 m 和 n 条暗环的直径。上式告诉我们,两暗环半径的平方之差与暗环的级数无关,而与序数差有关。因此,实验中,我们可以测量距中心较远处清晰的暗环,求其半径和序数差,并由式(2.18.4)求出曲率半径 R。

2.18.4　仪器描述

1. 钠光灯:钠光灯分高压钠灯、低压钠灯两种。实验室常用低压钠灯,发出的光在可见光范围内有两条较强的谱线 589.0nm 和 589.6nm,通常称为钠双线。因谱线很接近,实验中通常取平均值 589.3nm 作为"单色"光源的波长。

2. 读数显微镜:其结构及使用方法见实验 2.1 有关内容。

3. 牛顿环装置:由一曲率半径很大的平凸透镜与一个平板玻璃组成,透镜凸面与平板玻璃接触,三个地脚螺丝用于调节干涉条纹中心的位置。

2.18.5　实验内容及步骤

1. 调节牛顿环装置上的三个螺丝,使干涉条纹的中心大致处于牛顿环装置中心。切忌将三个螺丝拧得过紧,以免玻璃变形甚至破裂。

2. 把调整好的牛顿环装置放于显微镜下的工作平台上。调节目镜,使十字叉丝清晰,旋转调节半反射镜(在物镜镜头下端)的方位,或者移动整个显微镜,使反射的钠黄光竖直向下(眼睛在显微镜中观察到视场均匀明亮)。

3. 将物镜对准牛顿环装置中心,转动调焦手轮降低显微镜镜筒,然后眼睛在目镜上观察,缓缓地升起镜筒调焦,看清干涉圆环并消除与叉丝的视差。

4. 确认目镜中叉丝的水平线是否与读数标尺平行(可调目镜的方位达到平行)。

5. 缓慢地转动鼓轮,同时默数叉丝扫过的暗环数,使叉丝的竖线移到右方(或左方)第17 条暗环之外,再反方向转动鼓轮,使叉丝竖线依次与 17,16,15,…,7,6 级暗环相切(外切),记录各暗环位置的读数;继续同方向转动鼓轮(不要忘记默数条纹级数),使叉丝竖线越过牛顿环中心,依次与另一侧的 6,7,8,…,16,17 暗环相切(内切),也记下各环的位置读数。

同一暗环左右位置读数之差即为该环直径 D。

2.18.6 实验数据及处理

测量数据填入表 2.18.1 和表 2.18.2 中。

表 2.18.1

暗环顺序	右边读数/cm	左边读数/cm	直径/cm
17			
16			
15			
14			
13			
12			
11			
10			
9			
8			
7			
6			

表 2.18.2

$m-n$	$D_m^2 - D_n^2$	$R = D_m^2 - D_n^2/4(m-n)\lambda$
17−11		
16−10		
15−9		
14−8		
13−7		
12−6		

平均值 $\overline{R} = \dfrac{\sum\limits_{i=1}^{k} R_i}{k} = \underline{\hspace{2cm}}$ m

不确定度 $\Delta = \sqrt{\dfrac{\sum\limits_{i=1}^{k}(R_i - \overline{R})^2}{k(k-1)} + 0.005^2} = \underline{\hspace{2cm}}$

结果 $R = \overline{R} \pm \Delta = \underline{\hspace{2cm}}$， 相对不确定度 $\Delta_r = \dfrac{\Delta}{\overline{R}} \times 100\% = \underline{\hspace{2cm}}$ %

2.18.7 注意事项

1. 灯点燃后需等待一段时间才能正常使用（约 5～6min），另外频繁启动钠光灯容易造成损坏,点燃后不要轻易熄灭它。钠光灯的使用寿命一般只有 500h,因此在实验完毕后应及时将其关闭。

2. 调整光学仪器时,动作要轻缓,不允许随意拆卸、使劲乱拧;避免盲目和粗鲁地操作(如牛顿环装置的螺丝不能随便拧等)。

3. 当牛顿环仪、透镜和显微镜的光学表面不洁净时,要用专门的擦镜纸轻轻揩拭。

4. 读数显微镜的测微鼓轮在每一次测量过程中只能向一个方向旋转,中途不能反转。

5. 在调节物镜焦距时,为防止损坏显微镜物镜,正确的调节方法是使镜筒移离待测物(即提升镜筒)。

2.18.8 思考题

1. 牛顿环干涉条纹的中心在什么情况下是暗的? 什么情况下是亮的?

2. 为什么说测量显微镜测量的是牛顿环的直径,而不是显微镜内被放大了的直径? 若改变显微镜的放大倍率,是否影响测量的结果?

3 近代及综合性实验

本章列出了几个近代与综合性实验题目。与基础性实验相比,本章实验需要学生综合利用多种理论和多种实验仪器,实验综合性较强,难度也较大。

3.1 声速的测量

超声波的频率范围为 $2 \times 10^4 \sim 5 \times 10^8$ Hz,由于波长短,易于定向发射,在超声波段进行声速测量比较方便。实际应用中超声波传播速度对于超声波测距、定位、液体流速测定、溶液浓度测定、材料弹性模量测定等方面都有重要意义。

3.1.1 实验目的

1. 进一步熟悉示波器和信号源的使用方法。
2. 了解发射和接收超声波的原理和方法。
3. 学习共振干涉法(驻波法)测声速;李萨如图形法(相位法)测声速。

3.1.2 实验仪器

SV-DH-5 型声速测定仪(一台)、SVX-5 型声速测试仪信号源(一台)、信号连接线(四根)、示波器(一台)。

3.1.3 实验原理

1. 驻波法

实验中用到的超声波发射器和接收器都是压电式换能器,发射器把信号发生器产生的交变电压转换为机械振动,在空气中激发超声波;接收器将接收到的声振动转化为交变的电压信号,送入示波器可以进行观察测量。这种压电效应在机械振动测量和无损检测中应用广泛。

设在无限声场中,仅有一个点声源 S1(发射换能器)和一个接受平面(接收换能器 S2),当点声源发出声波后遇到一个反射面(即接受换能器平面)发生反射,此时波将在两端面间来回反射叠加,形成驻波,当接收器端面为近似波节时该处声压为波腹,接收到的声压最大。本实验中,压电换能器的谐振频率在 35～39 kHz 范围内,由于超声波波长短,而发射器端面直径比波长大得多,因而定向发射性能好,离发射器平面稍远处的声波可以近似认为是平面波。

图 3.1.1 中,S1 和 S2 为压电式陶瓷换能器,当接收器处于一系列特定位置上时(如图 3.1.2 所示),媒质中(空气或水)出现稳定的驻波共振现象,此时接收端面上的声压达到

极大值。可以证明,接收面两相邻声压极大值之间的距离为半个波长 $\lambda/2$。因此,若保持频率 f 不变,通过测量相邻两次接收信号达到极大值时接收面 S2 所移动的距离 L,利用 $\lambda=2L$ 可求波长,然后利用 $v=\lambda f$ 计算声速。

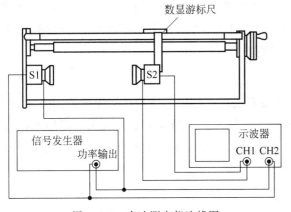

图 3.1.1 声速测定仪连线图

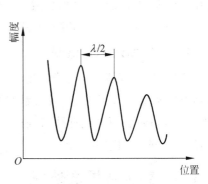

图 3.1.2 驻波法测声波波长原理图

2. 相位法(李萨如图形法)

波是振动状态的传播,也可以说是相位的传播。由前述可知入射波与反射波叠加后,沿传播方向上的任何两点,如果其振动状态相同,即两点的相位差为 2π 的整数倍时,两点间的距离应等于波长 λ 的整数倍,即 $L=n\lambda$(n 为正整数)。

相位差 φ 和角频率 ω、传播时间 t 之间的关系为 $\varphi=\omega t$,同时由于 $\omega=2\pi/T,t=L/v,\lambda=Tf$($\lambda$ 为波长,T 为周期,f 为频率),得到 $\varphi=2\pi L/\lambda$。当 $L=n\lambda/2$ 时,得 $\varphi=n\pi$,其中 $n=1,2,3,\cdots$。

实验时,改变 S1、S2 之间的距离,相当于改变了发射波和接收波之间的相位差,在示波器上可观察到相位的变化。如图 3.1.3 所示,当两信号同相时,椭圆退化为左直线,此时它们的相位差 $\Delta\varphi=0$;当两信号反相时,椭圆退化为右直线;当信号重新变回左直线时,$\Delta\varphi=2\pi$,此时,S2 移动的距离为一个波长(实际上,从任何一个状态开始观察,只要李萨如图形复原,S2 移动的距离则为一个波长,但利用直线图形判定两信号是否同相比较准确)。

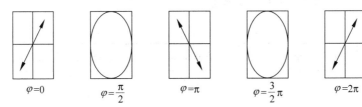

图 3.1.3 相位法测声速原理

3.1.4 实验内容及步骤

1. 共振法测量波长

1) 按图 3.1.1 连接好线路,S1、S2 相距约 2cm。在教师指导下调节示波器到最佳状态。

2）将换能器系统调到谐振状态，接收器 S2 信号输入"CH1"，"CH2"接地，信号发生器频率从 35kHz 到 39kHz 调节直到换能器产生共振。当换能器系统到达谐振状态时，记录信号频率值 f。此后整个实验过程中不再改变信号频率。

3）位移传感器归零（或记录初始值）。转动调节鼓轮，使 S2 缓慢移动，当示波器上出现的振幅最大时，记录下 S2 的位置 L。由近及远移动 S2，逐次记下振幅最大位置（信号灯亮）$L_1, L_2, \cdots, L_{12}$ 共计 12 次，并且利用逐差法处理数据。

2. 李萨如法测量波长

将位移传感器归零（注意：此时不改变频率值），将测试方法设置到连续波的方式。并将示波器调整到 X-Y 方式，观察示波器上的李萨如图形。当屏幕上出现直线图形时，记录 S2 的位置，缓慢远移（或近移）接收器。每当李萨如图形完全恢复原状时，记录接收器位置 L_i，连续记录 12 组数据。

3.1.5　实验数据及处理

实验前温度：＿＿＿＿＿＿，实验后温度：＿＿＿＿＿＿，信号发生器显示频率（标注单位）：＿＿＿＿＿＿。其他测量数据填入表 3.1.1、表 3.1.2 和表 3.1.3 中。

表　3.1.1

次数	接收器位置 L_i/mm	次数	接收器位置 L_i/mm	$X=L_{i+6}-L_i$/mm	$\bar{\lambda}=2X/n$/mm
1		7			
2		8			
3		9			
4		10			
5		11			
6		12			

注：显示 λ 值个数 $n=6$（该表为共振法测量的数据）。

表　3.1.2

次数	接收器位置 L_i/mm	次数	接收器位置 L_i/mm	$X=L_{i+6}-L_i$/mm	$\bar{\lambda}=X/n$/mm
1		7			
2		8			
3		9			
4		10			
5		11			
6		12			

注：对以上测量方法计算时注意单位的变换（该表为李萨如图形数据记录）。

表　3.1.3

	共振法数据	李萨如图形法
温度	$t(℃)=$	
声速平均值	$\bar{v}=\bar{\lambda}f=$	
声速 v 理论值	$v_{理}=331.45\sqrt{\dfrac{t(℃)+273.15}{273.15}}=$	
相对误差(应小于1%)	$E=\dfrac{\lvert v_{理}-\bar{v}\rvert}{v_{理}}\times100\%=$	

3.1.6　注意事项

1. 注意仪器不使用时,应放于温度在35℃以下的室内的架子上,仪器应在清洁干净的场所使用,避免阳光直接暴晒和剧烈颠震。
2. 使用前,应避免声速测试仪信号源的功率输出端短路。
3. 实验时注意寻找换能器的最佳工作频率(共振频率)。

3.1.7　思考题

1. 在本实验装置中驻波是怎样形成的?
2. 利用相位法测声速的原理是什么?
3. 怎样调节换能器的最佳工作频率?

3.2　超声光栅

1922年,布里渊首次提出声波对光会产生衍射效应,十年后得到证实。声光相互作用已经成为控制光强度和传播方向的最实用的方法之一,并日益得到了广泛的应用。

3.2.1　实验目的

1. 观察声光衍射现象。
2. 进一步学习分光计的使用。
3. 掌握用超声光栅测声速的方法。

3.2.2　实验仪器

WSG-Ⅰ型超声光栅声速仪、JJYⅠ分光计、低压汞灯。

3.2.3　实验原理

光波在介质中传播时被超声波衍射的现象,称为超声致光衍射(亦称声光效应)。在液体中传播的超声波是一种纵向机械应力波,其声压使液体分子产生周期性变化,促使液体的密度与折射率也相应地作周期性变化。设液体的密度为 ρ,折射率为 n,则有

$$\rho=\rho_0+\Delta\rho,\quad n=n_0+\Delta n$$

ρ_0、n_0 分别为液体静止时的密度与折射率，$\Delta\rho$、Δn 分别是由超声波引起的密度与折射率的变化值。

当光波通过折射率周期性变化的液体时，其相位受到调制，如同通过一个正弦位相光栅，在一定条件下，类似于普通的光栅，称为液体中的超声光栅。

超声波在液体中传播的方式分为行波和驻波两种。行波形成的超声光栅，栅面在空间随时间移动。为了使实验条件易于实现，实验在有限尺寸液槽内形成稳定驻波条件下进行。在驻波条件下，由于驻波的振幅可以达到单一行波的两倍，折射率变化加剧。

如图 3.2.1 所示，前进波被一个平面反射，在一定条件下前进波与反射波叠加而形成纵向振动驻波。t 时刻，驻波的任一波节两边的质点都涌向这个节点，使之成为质点密集区，而相邻的波节处为质点稀疏区；$t+T/2$ 时刻，这个节点附近的质点又向两边散开变为稀疏区，相临波节处变为密集区。稀疏区液体折射率减小，密集区液体折射率增大。在距离等于波长 A 的两点，液体的密度相同，折射率也相等。

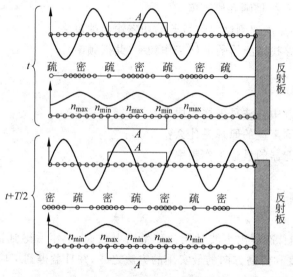

图 3.2.1　超声光栅形成示意图

当满足声光喇曼-奈斯衍射条件 $2\pi\lambda l/A^2 \ll 1$ 时（l 为液体槽的宽度），这种衍射相似于平面光栅衍射，波长 A 相当于光栅常数，可得如下光栅方程（式中 K 为衍射级次，ϕ_K 为零级与 K 级间夹角）：

$$A\sin\phi_K = K\lambda \qquad\qquad (3.2.1)$$

实验光路图如图 3.2.2 所示，从左向右依次为光源（S）、平行光管（L_1）、装有锆钛酸铅陶瓷片（或称 PZT 晶片）的液槽以及由自准直望远镜中的物镜（L_2）和测微目镜组成的测微望远系统。

当 ϕ_K 很小时，

$$\sin\phi_K = \frac{l_K}{f} \qquad\qquad (3.2.2)$$

其中 l_K 为衍射光谱零级至 K 级的距离；f 为透镜的焦距。超声波波长为

$$A = \frac{K\lambda}{\sin\phi_K} = \frac{K\lambda f}{l_K} \qquad\qquad (3.2.3)$$

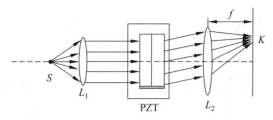

图 3.2.2   实验光路图

则超声波在液体中的传播速度为

$$v = A\nu = \frac{\lambda f \nu}{\Delta l_K} \tag{3.2.4}$$

式中：ν 是振荡器和锆钛酸铅陶瓷片的共振频率，Δl_K 为同一色光衍射条纹间距。

3.2.4   仪器描述

1. 仪器结构

WSG-Ⅰ型超声光栅声速仪由超声信号源、超声池、高频信号连接线、测微目镜等组成，并配置了共振频率约为 11MHz 的锆钛酸铅陶瓷片。实验以 JJY-Ⅰ分光计系列为实验平台，超声信号源面板如图 3.2.3 所示，液体槽（也称超声池）在分光计上的放置位置如图 3.2.4 所示。

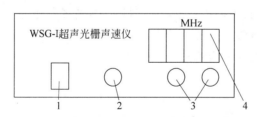

图 3.2.3   超声信号源面板示意图

1—电源开关；2—频率微调钮；3—高频信号输出端(无正负极区别)；4—频率显示窗

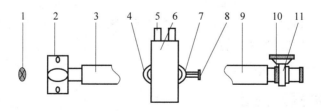

图 3.2.4   实验装置示意图

1—单色光源；2—狭缝；3—平行光管；4—载物台；5—接线柱；6—液体槽；

7—液体槽座；8—锁紧螺钉；9—望远镜光管；10—接筒；11—测微目镜

2. 性能指标

输入电压：220V/50Hz；工作频率：9.5～11.5MHz；输出信号频率：8～12MHz；测微目镜测量范围：8mm；测量精度：0.01mm。

3.2.5　实验内容及步骤

1．调整分光计。

2．液体槽内注入待测液体（如蒸馏水、乙醇或其他液体）（液面高度以液体槽侧面的液体高度刻线为准）。

3．液体槽座卡在分光计载物台上（液体槽卡住载物台边的缺口对准锁紧螺钉的位置，放置平稳，并用载物台侧面的锁紧螺钉锁紧）。

4．液体槽平稳地放置在液体槽座中，放置时，转动载物台使液体槽两侧表面基本垂直于望远镜和平行光管的光轴。

5．高频信号输出端与液体槽盖板上的接线柱连接。

6．液体槽盖板盖在液体槽上（微微扭动上盖，有时也会使衍射效果有所改善）。

7．开启超声信号源电源。

8．观察衍射条纹。仔细调节频率微调钮，使衍射光谱的级次显著增多且更为明亮。

9．左右转动液体槽，使平行光束完全垂直于超声束，同时观察视场内的衍射光谱左右级次亮度及对称性，直到从目镜中观察到稳定而清晰的左右各 3～4 级的衍射条纹为止（把狭缝内的毛玻璃片卸除或光源尽量靠近狭缝，也可明显提高条纹清晰度和衍射级次）。

10．取下阿贝目镜，换上测微目镜，调节目镜，清晰观察到衍射条纹。

11．利用测微目镜逐级测量其位置读数。

12．实验完毕应将液体槽内的被测液体倒出。

3.2.6　注意事项

1．液体槽必须稳定，高频信号源的两条导线勿动，否则影响形成稳定的驻波与输出频率。

2．不要超出工作频率的可调范围（一般共振频率在 11MHz 左右）。

3．实验时间不宜过长，否则温度升高会影响声波在液体中的传播以及频率计性能。

4．不要触摸两侧表面通光部位。

5．保持液体至正常液面刻线处。

3.2.7　实验数据及处理

测量的数据填入表 3.2.1 和表 3.2.2 中。

表　3.2.1

级　数	-3	-2	-1	0	$+1$	$+2$	$+3$
读数/mm	X_1	X_2	X_3	X_4	X_5	X_6	X_7

$$\nu_0 = \underline{\qquad\qquad}$$

表 3.2.2

$$\overline{\Delta l} = \frac{1}{12} = ([X_7 - X_4] + [X_6 - X_3] + [X_5 - X_2] + [X_4 - X_1])$$

| $\Delta_{lA} = \sigma_{\overline{\Delta l}} = \sqrt{\dfrac{\sum\limits_{i=1}^{6}(\Delta l_i - \overline{\Delta l})^2}{n(n-1)}} = $ _____ ; $\Delta_{lB} = $ _____ ; $\Delta_{\overline{\Delta l}} = \sqrt{\Delta_{lA}^2 + \Delta_{lB}^2} = $ _____ |||

$\nu = \nu_0 \pm \Delta_\nu = $		
$\overline{v} = \dfrac{\lambda f \nu_0}{\overline{\Delta l}} = $	$\Delta_{vr} = \sqrt{\left(\dfrac{\Delta_{\overline{\Delta l}}}{\overline{\Delta l}}\right)^2 + \left(\dfrac{\Delta_\nu}{\nu_0}\right)^2} = $ _____	$\Delta_v = \Delta_{vr}\,\overline{v} = $ _____
$v = \overline{v} \pm \Delta_v = $ _____		

说明：f 为 JJY-I 分光计透镜 L_2 的焦距，$f = 170\text{mm}$。

3.2.8 思考题

1. 如何理解超声光栅？
2. 如何提高衍射条纹的清晰度？

3.3 光电效应实验

在近代物理学中，光电效应验证了光的量子性。1905 年爱因斯坦在普朗克量子假设的基础上成功地解释了光电效应，约十年后密立根以精确的光电效应实验证实了爱因斯坦的光电效应方程，并测定了普朗克常数。目前，光电效应已经广泛地应用于各个科技领域，利用光电效应制成的光电器件如光电管、光电池、光电倍增管等已成为生产和科技领域中不可缺少的器件。

3.3.1 实验目的

1. 理解光电效应的基本规律，加深对光量子性的理解。
2. 了解光电管的结构和性能，并测定其基本特性曲线。
3. 验证爱因斯坦光电效应方程，测定普朗克常数。

3.3.2 实验仪器

光电管、光源、滤色片、微电流计、电压表、滑线电阻、直流电源、开关和导线等。

3.3.3 实验原理

1. 光电效应及其规律

在一定频率光的照射下，电子从金属（或金属化合物）表面逸出的现象称为光电效应，从金属（或金属化合物）表面逸出的电子称为光电子。研究光电效应的电路图如图 3.3.1 所示。光电效应有如下规律：

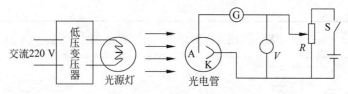

图 3.3.1　光电效应实验电路图

1) 对某一种金属来说，只有当入射光频率大于某一频率 ν_0 时，电子才能从金属表面逸出，电路中才有光电流，若光的频率低于这个值，则无论光强度多大，照射时间多长，都不会有光电子产生。即光电效应存在一个频率阈值 ν_0，称为截止频率。

2) 光电子数目的多少与光的强度有关，只要入射光的频率大于截止频率，随着光强的增加，单位时间内吸收光电子的数也增加，光电流就增加；即饱和光电流 I_H 与入射光的光强成正比。如图 3.3.2 所示，I-U 曲线称为光电管伏安特性曲线，曲线(2)的光强是曲线(1)光强的一半。

3) 光电子的动能 $\frac{1}{2}mv^2$ 与入射光的频率 ν 成正比，与光强无关。实验中反映初动能大小的是遏止电压 U_a。在图 3.3.1 电路中，将光电管阳极与阴极连线对调，即在光电管两极间加反向电压，则 K、A 间的电场将对阴极逸出的电子起减速作用。若反向电压增加，则光电流 I 减小。当反向电压达到 U_a 时，光电流为零（如图 3.3.2 所示）。此时电场力对光电子所作的功 eU_a 等于光电子的初动能 $\frac{1}{2}mv^2$，即 $eU_a = \frac{1}{2}mv^2$，U_a 称为遏止电位差。以不同频率的光照射时，U_a-ν 关系曲线为一直线，如图 3.3.3 所示。

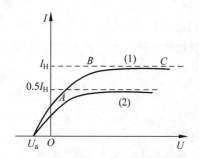

图 3.3.2　光电管伏安特性曲线

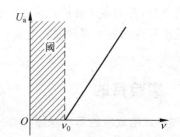

图 3.3.3　遏止电压与入射光频率的关系

光电效应的这些实验规律，用光的电磁波理论不能作出圆满的解释。1905 年爱因斯坦提出了一个著名的理论——光量子理论，成功地解释了光电效应现象。他认为把光束可以看成由微粒构成的粒子流，这些粒子叫做光量子，简称光子。对于频率为 ν 的光束，光子的能量为 $h\nu$，h 为普朗克常数。按照光子论和能量守恒定律，爱因斯坦提出了一个著名的方程：

$$\frac{1}{2}mv^2 = h\nu - A \tag{3.3.1}$$

金属中自由电子，从入射光中吸收一个光子的能量 $h\nu$，克服电子从金属表面逸出时所需的逸出功 A 后，逸出表面，具有初动能 $\frac{1}{2}mv^2$。该方程可解释光电效应的实验规律。

2. 光电管

光电管是利用光电效应制成的能将光信号转化为电信号的光电器件。在一个真空的玻璃泡内装有两个电极,一个是阳极 A,另一个是光电阴极 K,如图 3.3.4 所示。光电阴极是附在玻璃泡内壁的一个薄层(有的附在玻璃泡内的半圆形金属片的内侧),此薄层由具有表面光电效应的材料制成(常用锑铯金属化合物)。在阴极的前面,装有金属丝制成的单根(或圈成一个小环)的阳极。阴极受到光线照射时发射电子,电子在外场的作用下向阳极运动,形成光电流。除真空式光电管以外,还有一种充气式光电管。它的构造和真空式的相同,所不同的是真空的玻璃泡内充入了少量的惰性气体,如氩气等。当光电阴极被光线照射时便发射电子,发射的电子在趋向阳极的途中撞击惰性气体的分子,使气体游离成为正离子、负离子以及电子。撞击出的负离子、电子以及阴极发射的电子共同被阳极吸收,因此阳极的总电流便增大了,故充气式光电管比真空式光电管有较高的灵敏度。

1) 光电管的伏安特性

当以一定频率和强度的光照射光电管时,光电流随两极间电压变化的特性称为光电管的伏安特性,其曲线如图 3.3.2 所示。图中 AB 段表示光电流随阳极电压的增加而增大,BC 段表示当阳极电压的增大到某一值后,光电流不再增加,此时的光电流叫做饱和光电流 I_H。饱和光电流相当于所有被激发出来的电子全部到达阳极。实验表明,饱和光电流和入射光的光通量成正比,因此用不同强度的光照射阴极 K 时,可得到不同的伏安特性曲线。

2) 光电管的光电特性

当照射光电管的光的频率和两极间电压一定时,饱和光电流 I_H 随照射光强度 E 变化的特性称为光电管的光电特性。对于真空式光电管,其曲线成线性关系,如图 3.3.5 所示。

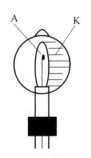

图 3.3.4 真空光电管结构图

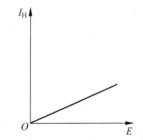

图 3.3.5 光电管的光电特性曲线

3. 普朗克常数的测定

爱因斯坦认为,当频率为 ν 的光束照射在金属表面上时,光子的能量被单个电子所吸收,使电子获得能量 $h\nu$。当入射光的频率 ν 足够大时,可以使电子具有足够的能量从金属表面逸出,逸出时所需做的功,称为逸出功 A。同样,由式(3.3.1)可知,要能够产生光电效应,需 $\frac{1}{2}mv^2 \geqslant 0$,即 $h\nu - A \geqslant 0$,$\nu \geqslant \frac{A}{h}$,而 $\frac{A}{h}$ 就是截止频率 ν_0,$\nu_0 = \frac{A}{h}$。

实验时,测出不同频率的光入射时的遏止电位差 U_a 后,作 U_a-ν 曲线,U_a 与 ν 呈线性关系:

$$eU_\mathrm{a} = \frac{1}{2}mv^2 = h\nu - A$$

即

$$U_\mathrm{a} = \frac{h}{e}(\nu - \nu_0) \qquad\qquad (3.3.2)$$

从直线斜率可求出普朗克常数 h，由直线的截距可求得截止频率 ν_0，式(3.3.2)中的 e 为电子的电量。

逸出功 A 与金属的种类有关(见表 3.3.1)实验所用金属的逸出功可通过此表查出。

表 3.3.1

金属	钠	铝	锌	铜	银	铂
A/eV	2.28	4.08	4.31	4.70	4.73	6.35

3.3.4　实验内容及步骤

1. 仪器调节

按图 3.3.1 接好电路，选择微电流计的量程，并调节其零点。

2. 测定光电管的伏安特性

把光源放在距光电管 30cm 处，点亮光源，打开光电管盒上的盖子，使光正好射到光电管上。改变电压 U，使光电管上的电压由 0 逐渐增加到 30V，记录下光电流 I 随电压 U 变化的情况。然后给光电管加反向电压(将光电管两极连线对调)，改变电压，同时测出不同电压下的电流值；以 I 为纵坐标，U 为横坐标，作伏安特性曲线，从曲线上得到饱和电流 I_H。

3. 测定光电管的光电特性

将光电管极间电压固定在使光电流达到饱和区域的某一适当数值，使光电管位置不动，移动光源，使微电流计读数 n 等间隔的变化，记下相应的 L 值；以 I_H 为纵坐标，$1/L^2$ 为横坐标，作曲线图。

4. 测定普朗克常数

1) 对光电管加反向电压，并使光源对准暗盒窗口，打开盖子，换上相应波长的滤色片。

2) 测量反向电压由零逐渐增加到反向电流达到饱和时不同电压下的光电流值。

3) 测量时，先观察一下不同电压下的光电流变化情况，在反向电流开始有明显变化附近多测几组数据。

4) 换上不同波长的滤色片，重复上述步骤。

3.3.5　注意事项

1. 滤色片是精密光学元件，使用时应避免污染，切勿用手触摸以保证其良好的透光性。

2. 更换滤色片时必须先将光源出光孔遮住，实验完毕应及时用遮光罩盖住光电管暗盒的进光窗口，避免强光直射阴极。

3.3.6　实验数据及处理

描绘光电管的伏安特性曲线(表 3.3.2)和光电特性曲线(表 3.3.3)，计算普朗克常数

（表 3.3.4）。

表　3.3.2　　　　　　　　　　　　　　　　饱和电流 $I_H=$ _____ ，距离 $r=0.3\text{m}$

U								
I								

表　3.3.3　　　　　　　　　　　　　　　　极间电压 $U_m=$ _____ $(n=2)$

L/m							
$1/L^2/(1/\text{m}^2)$							
$n=2$							

表　3.3.4

波长/nm						
频率/Hz						
截止电压/U_a						

3.3.7　思考题

1. 了解光电管的伏安特性及光电特性有什么意义？
2. 测定普朗克常数时有哪些误差来源？实验中如何减小这些误差？
3. 从截止电压 U_a 与入射光频率 ν 的关系曲线中，能否确定阴极材料的逸出功？

3.4　迈克耳孙干涉仪测波长

迈克耳孙干涉仪是美国物理学家 A. A. 迈克耳孙和 E. W. 莫雷于 1883 年合作设计出来的精密光学仪器。它可以高精度地测量微小的长度、光的波长、透明体的折射率等。后人利用该仪器的原理，研究出了多种专用干涉仪。这些干涉仪在近代物理和近代计量技术中被广泛应用。

3.4.1　实验目的

1. 了解迈克耳孙干涉仪的光学结构及干涉原理，学习其调节和使用方法。
2. 了解光的干涉现象及其形成条件。
3. 观察等倾干涉条纹，测量 He-Ne 激光器的波长。

3.4.2　实验仪器

迈克耳孙干涉仪（图 3.4.1 所示）、He-Ne 激光器等。

3.4.3　实验原理

1. 单色点光源的非定域干涉

图 3.4.2 为迈克耳孙干涉仪原理图。本实验用 He-Ne 激光器作为光源，激光通过短焦

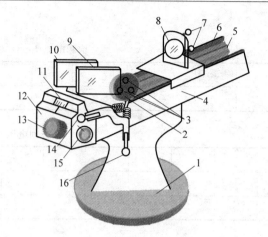

图 3.4.1　迈克耳孙干涉仪

1—底座；2—固定镜 M_1；3—倾度粗调；4—机械台面；5—丝杆；6—导轨；7—倾度粗调；

8—可动镜 M_2；9—补偿板 G_2；10—分光板 G_1；11—刻度盘；12—丝杆顶进螺帽；

13—粗调手轮；14—水平微调螺丝；15—微调手轮；16—垂直微调螺丝

距透镜汇聚成一个强度很高的点光源 S，射向迈克耳孙干涉仪，点光源经平面镜 M_1、M_2 反射后，相当于由两个点光源发出的相干光束。设 S_1' 是 S 经 M_1' 所成的虚像，S_2' 是 S 经 M_2 所成的虚像，则 S_1' 和 S_2' 相距为 $2d$。由图 3.4.2 可知，只要观察屏放在两点光源发出光波的重叠区域内，都能看到干涉现象，故这种干涉称为非定域干涉。如果 M_2 与 M_1' 严格平行，且把观察屏放在垂直于 S_1' 和 S_2' 的连线上 E 处，就能看到一组明暗相间的同心圆干涉环，如图 3.4.3 所示，其圆心位于 $S_1'S_2'$ 轴线与屏的交点 P_0 处。从图 3.4.3 可以看出圆心处的光程差 $\Delta=2d$，屏上其他任意点 P' 的光程差近似为

$$\Delta = 2d\cos\varphi \tag{3.4.1}$$

式中：φ 为 S_2' 射到 P' 点的光线与 M_2 法线之间的夹角。当 $2d\cos\varphi = K\lambda$ 时，为明纹；当 $2d\cos\varphi = (2K+1)\lambda/2$ 时，为暗纹。由图 3.4.3 可以看出，以 P_0 为圆心的圆环是从虚光源发出的倾角相同的光线干涉的结果，因此称为等倾干涉条纹。

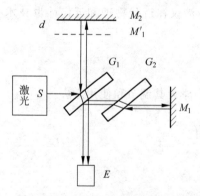

图 3.4.2　迈克耳孙干涉仪原理图

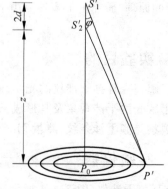

图 3.4.3　干涉环

由式(3.4.1)可知，$\varphi=0$ 时光程差最大，即圆心 P_0 处干涉环级次最高，越向边缘级次越低。当 d 增加时，干涉环中心级次将增高，条纹沿半径向外移动，即可看到干涉环从中心"冒"出；反之，当 d 减小时，干涉环向中心"缩"进去。

由明纹条件可知,当干涉环中心为明纹时,$\Delta = 2d = K\lambda$。此时若移动 M_2(改变 d),环心处条纹的级次相应改变。当 d 每改变 $\lambda/2$ 距离,环心就冒出或缩进一条环纹。若 M_2 移动距离为 Δd,相应冒出或缩进的干涉环条纹数为 N,则有

$$\Delta d = N\frac{\lambda}{2}$$

$$\lambda = \frac{2\Delta d}{N} = \frac{2(l_1 - l_2)}{N} \tag{3.4.2}$$

式中:l_1、l_2 分别为 M_2 移动前后的位置读数。实验中只要读出 l_1、l_2 和 N,即可由式(3.4.2)求出波长。

由明纹条件推知,相邻两条纹的角间距为

$$\Delta\varphi = -\frac{\lambda}{2d\sin\varphi} \approx -\frac{\lambda}{2d\varphi}$$

当 d 增大时 $\Delta\varphi$ 变小,条纹变细变密;当 d 减小时 $\Delta\varphi$ 增大,条纹变粗变疏。所以离环心近处条纹粗而疏,离环心远处条纹细而密。

2. 等光程位置的确定

当 M_2 与 M_1' 不完全平行时,M_2 和 M_1' 之间形成楔形空气膜,一般情况下屏上将呈现弧形等厚干涉条纹。若改变活动镜 M_2 位置,使 M_2 和 M_1' 的间距 $d = 0$,此时由 M_2 和 M_1' 反射到屏上的两束相干光光程差为零,屏上呈现直线形明暗条纹。这时活动镜 M_2 的位置称为等光程位置。若改用白光照射,由于白光是复色光,而明暗纹位置又与波长有关,因此,只有在 $d = 0$ 的对应位置上,各种波长的光到达屏上时,光程差均为 0,形成零级暗纹。在零级暗纹附近有几条彩色直条纹。稍远处,由于不同波长、不同级次的明暗纹相互重叠,便看不清干涉条纹了。由于白光等厚干涉条纹能准确确定等光程位置,可以用来测定透明薄片的厚度。当视场内出现彩色直条纹后,继续转动微调手轮,使零级暗纹移到视场中央。然后在活动镜与分光板之间插入待测薄片,此时由于光程差变化,彩色条纹消失。再转动微调手轮,使活动镜向分光板方向移近,当彩色条纹重新出现,并移到视场中央时,活动镜 M_2 的移动正好抵消了光程差的变化。根据以上分析可以推出薄片厚度的测量公式为

$$b = (l_0' - l_0)/(n/n_0 - 1) \tag{3.4.3}$$

式中:$n_0 = 1.003$,为空气的折射率;n 为薄片折射率(由实验室给出);l_0、l_0' 分别为薄片插入前后的等光程位置的读数。

3.4.4　仪器描述

迈克耳孙干涉仪的结构和光路如图 3.4.1 与图 3.4.2 所示。M_1、M_2 是一对精密磨光的平面反射镜,M_1 的位置是固定的,M_2 可沿导轨前后移动。G_1、G_2 是厚度和折射率都完全相同的一对平行玻璃板,与 M_1、M_2 均成 45°角。G_1 的一个表面镀有半反射、半透射膜,使射到其上的光线分为光强度差不多相等的反射光和透射光,称为分光板。当光照到 G_1 上时,在半透膜上分成相互垂直的两束光,透射光射到 M_1,经 M_1 反射后,透过 G_2,在 G_1 的半透膜上反射后射向 E;反射光射到 M_2,经 M_2 反射后,透过 G_1 射向 E。由于反射光前后共通过 G_1 三次,而投射光只通过 G_1 一次,有了 G_2,它们在玻璃中的光程便相等了,于是计算这两束光的光程差时,只需计算两束光在空气中的光程差就可以了,所以 G_2 称为补偿板。当

观察者从 E 处向 G_1 看去时,除直接看到 M_2 外还可以看到 M_1 的像 M_1'。于是透射与反射两束光如同从 M_2 与 M_1' 反射来的,因此迈克耳孙干涉仪中所产生的干涉和 M_1'—M_2 间"形成"的空气薄膜的干涉等效。反射镜 M_2 的移动采用蜗轮蜗杆传动系统,转动粗调手轮13可以实现粗调。M_2 移动距离的毫米数可在机械台面侧面的毫米刻度尺上读得。通过读数窗口,在刻度盘 11 上可读到 0.01mm;转动微调手轮 15 可实现微调,微调手轮的分度值为 1×10^{-4}mm,可估读到 10^{-5}mm。M_1、M_2 背面各有 3 个螺钉可以用来粗调 M_1 和 M_2 的倾度,倾度的微调是通过调节水平微调14 和竖直微调螺丝 16 来实现的。

3.4.5 实验内容及步骤

1. 观察激光的非定域干涉现象

调节干涉仪使导轨大致水平:调节粗调手轮,使活动镜大致移至导轨 25～45mm 刻度处,调节倾度微调螺丝,使其拉簧松紧适中。然后使得激光器发射的激光束从分光板中央穿过,并垂直射向反射镜 M_1(此时应能看到有一束光沿原路返回)。装上观察屏,从屏上可以看到由 M_1、M_2 反射过来的两排光点。调节 M_1、M_2 背面的 3 个螺丝,使两排光点靠近,并使两个最亮的光点重合。这时 M_1 与 M_2 大致垂直(M_1' 与 M_2 大致平行)。然后在激光管与分光板间加一短焦距透镜,同时调节倾度微调螺丝 14、16,即能从屏上看到一组弧形干涉条纹。再仔细调节倾度微调螺丝,当 M_1' 与 M_2 严格平行时,弧形条纹变成圆形条纹。

转动微调手轮,使 M_2 前后移动,可看到干涉条纹的冒出或缩进。仔细观察当 M_2 位置改变时,干涉条纹的粗细、疏密与 d 的关系。

2. 测量激光波长

1) 测量前先按以下方法校准手轮刻度的零位。先以逆时针方向转动微调手轮,使读数准线对准零刻度线;再以逆时针方向转动粗调手轮,使读数准线对准某条刻度线。当然也可以都以顺时针方向转动手轮来校准零位。但应注意测量过程中的手轮转向应与校准过程中的转向一致。

2) 按原方向转动微调手轮(改变 d 值),可以看到一个个干涉环从环心冒出(或缩进)。当干涉环中心最亮时,记下活动镜位置读数 l_1,然后继续缓慢转动微调手轮,当冒出(或缩进)的条纹数 $N=100$ 时,再记下活动镜位置读数 l_2。反复测量多次,由式(3.4.2)算出波长,并与标准值($\lambda_0 = 632.8$nm)比较,计算相对误差,结果填入表 3.4.1。

表 3.4.1　$\lambda_0 = 632.8$nm,$N = 100$

测量次数	l_1/ mm	l_2/mm	$\Delta d = |l_1 - l_2|$	$\overline{\Delta d}$
1				
2				
3				
4				
5				
6				

$$\lambda = \frac{2\,\overline{\Delta d}}{N} = \underline{\qquad} \text{ nm}, \quad E = \frac{|\lambda - \lambda_0|}{\lambda_0} \times 100\% = \underline{\qquad} \%$$

3. 观察白光干涉,测定等光程位置

沿逆时针方向转动粗调手轮,将活动镜移至导轨 30mm 处;再沿逆时针方向转动微调手轮,使 d 减小,此时条纹变粗、变疏,直到只有 3~4 个条纹。然后调节倾度微调螺丝,使 M_1' 与 M_2 有一微小交角;再沿逆时针方向缓慢转动微调手轮,使屏上条纹最直时,改用白炽灯照射干涉仪,取下观察屏,直接用眼向活动镜方向观察,并继续缓慢转动微调手轮。当看到彩色直条纹后,记下此时活动镜位置,即为等光程位置。

移动活动镜时,一定要非常缓慢,因白光干涉条纹只有数条,移动太快就会一晃而过。

3.4.6　注意事项

干涉仪是精密光学仪器,使用中一定要小心爱护,要认真做到:

1. 切勿用手触摸光学表面,防止唾液溅到光学表面上。
2. 调节螺钉和转动手轮时,一定要轻、慢,绝不允许强扭硬扳。
3. 反射镜背后的粗调螺钉不可旋得太紧,以防止镜面变形。
4. 调整反射镜背后粗调螺钉时,先要把微调螺钉调在中间位置,以便能在两个方向上作微调。
5. 测量中,转动手轮只能缓慢地沿一个方向前进(或后退),否则会引起较大的空回误差。

3.4.7　思考题

1. 在什么条件下产生等倾干涉条纹? 什么条件下产生等厚干涉条纹?
2. 迈克耳孙干涉仪产生的等倾干涉条纹与牛顿环有何不同?
3. 为什么在观察激光非定域干涉时,通常看到的是弧形条纹? 怎样才能看到圆形条纹?

3.5　塞曼效应

1896 年,塞曼(1865—1943 年,荷兰物理学家)发现,置光源于足够强的磁场中,则光源发出的每一条谱线都分裂为若干条偏振化谱线,分裂的条数随能级类别而异,这种现象称为塞曼效应。塞曼效应是法拉第发现磁致旋光效应之后发现的又一个磁光效应。这个现象的发现证实了原子具有磁矩和其空间取向量子化,被誉为继 X 射线之后物理学最重要的发现之一。1902 年塞曼因此成就与洛伦兹共获诺贝尔物理奖。由于谱线分裂的波长差很小,故不能用一般的分光仪器去分析测量。

3.5.1　实验目的

1. 掌握法布里-珀罗(F-P)标准具的原理和调节方法,了解使用 CCD 及计算机进行实验图像测量的方法。
2. 观察波长为 5461Å 的汞谱线的塞曼分裂,进一步认识原子的内部结构,并计算电子荷质比。

3.5.2　实验仪器

　　塞曼效应光学系统、CCD 摄像系统、晶体管稳流电源、电磁铁、漏磁变压器、汞灯、测量望远镜、图像卡和微机。

3.5.3　实验原理

1. 谱线在磁场中的能级分裂

　　原子中电子的轨道磁矩和自旋磁矩合成为原子的总磁矩。总磁矩在磁场中受到力矩的作用而绕磁场方向旋进，旋进所引起的附加能量为

$$\Delta E = Mg\mu_B B \tag{3.5.1}$$

其中 M 为磁量子数，μ_B 为玻尔磁子，B 为磁感应强度，g 是朗德因子。朗德因子 g 表示原子的总磁矩和总角动量的关系，定义为

$$g = 1 + \frac{J(J+1) - L(L+1) + S(S+1)}{2J(J+1)} \tag{3.5.2}$$

其中 L 为总轨道角动量量子数，S 为总自旋角动量量子数，J 为总角动量量子数。磁量子数 M 只能取 $J, J-1, J-2, \cdots, -J$，共 $(2J+1)$ 个值，即 ΔE 有 $(2J+1)$ 个可能值。这就是说，无磁场时的一个能级，在外磁场的作用下将分裂成 $(2J+1)$ 个能级。由式(3.5.1)可以看出，分裂的能级是等间隔的，且能级间隔正比于外磁场 B 以及朗德因子 g。

　　能级 E_1 和 E_2 之间的跃迁产生频率为 ν 的光，$h\nu = E_2 - E_1$。在磁场中，若上、下能级都发生分裂，新谱线的频率 ν' 与能级的关系为

$$h\nu' = (E_2 + \Delta E_2) - (E_1 + \Delta E_1) = (E_2 - E_1) + (\Delta E_2 - \Delta E_1)$$
$$= h\nu + (M_2 g_2 - M_1 g_1)\mu_B B$$

分裂后谱线与原谱线的频率差为

$$\Delta\nu = \nu - \nu' = (M_2 g_2 - M_1 g_1)\frac{\mu_B B}{h} \tag{3.5.3}$$

代入玻尔磁子 $\mu_B = \dfrac{eh}{4\pi m}$，得到

$$\Delta\nu = (M_2 g_2 - M_1 g_1)\frac{e}{4\pi m}B \tag{3.5.4}$$

等式两边同除以 c，就表示为波数差的形式

$$\Delta\sigma = (M_2 g_2 - M_1 g_1)\frac{e}{4\pi mc}B \tag{3.5.5}$$

令 $L = \dfrac{eB}{4\pi mc}$（称为洛伦兹单位）$= B \times 46.7\text{m}^{-1} \cdot \text{T}^{-1}$，则有

$$\Delta\sigma = (M_2 g_2 - M_1 g_1)L \tag{3.5.6}$$

　　塞曼跃迁的选择定则为：$\Delta M = 0$，为 π 成分，是振动方向平行于磁场的线偏振光，只在垂直于磁场的方向上才能观察到，平行于磁场的方向上观察不到。但当 $\Delta J = 0$ 时，$M_2 = 0$ 到 $M_1 = 0$ 的跃迁被禁止；$\Delta M = \pm 1$，为 σ 成分，垂直于磁场观察时为振动垂直于磁场的线偏振光，沿磁场正向观察时，$\Delta M = +1$ 为右旋圆偏振光，$\Delta M = -1$ 为左旋圆偏振光。

2. 用标准具测量波数差公式

对同一级次有微小波长差的不同波长 λ_a、λ_b、λ_c 而言,可以证明,在相邻干涉次级 K 与 $(K-1)$ 级下,有

$$\left.\begin{aligned}
\Delta\widetilde{v}_{ba} &= \widetilde{v}_b - \widetilde{v}_a = \frac{1}{2d}\frac{D_b^2 - D_a^2}{D_{K-1}^2 - D_K^2} \\
\Delta\widetilde{v}_{cb} &= \widetilde{v}_c - \widetilde{v}_b = \frac{1}{2d}\frac{D_c^2 - D_b^2}{D_{K-1}^2 - D_K^2}
\end{aligned}\right\} \tag{3.5.7}$$

式中,$\widetilde{v}$ 表示波数,d 为标准具常数。

3. 用塞曼分裂计算荷质比

对于正常塞曼效应,分裂的波数差为

$$\Delta\sigma = L = \frac{eB}{4\pi mc}$$

代入测量波数差公式,得

$$\frac{e}{m} = \frac{2\pi c}{dB}\left(\frac{D_b^2 - D_a^2}{D_{K-1}^2 - D_K^2}\right) \tag{3.5.8}$$

已知 d 和 B,从塞曼分裂的照片测出各环直径,就可计算 e/m。

3.5.4　仪器描述

1. 观察塞曼效应的实验原理如图 3.5.1 所示,会聚透镜将汞灯光变为平行光,经滤光片后 546.1nm 光入射到 F-P 标准具上,由偏振片鉴别 π 成分和 σ 成分,再经成像透镜将干涉图样成像在 CCD 的光敏面上。输出的视频信号经图像卡变成数字信号输入微机,将图像显示并存储起来。通过适当软件处理,计算结果,分析误差,还可输出打印。观察塞曼效应纵效应时,可将电磁铁极中的芯子抽出,磁极转 90°,光从磁极中心通过。将 1/4 波片置于偏振片前方,转动偏振片可以观测 σ 成分的左旋和右旋圆偏振光。

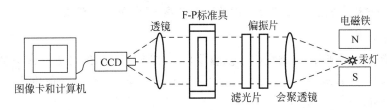

图 3.5.1　塞曼效应实验原理图

2. F-P 标准具:由两块互相平行的平面平镜组成。平面平镜内表面镀有多层介质膜,为使两个面严格保持平行,在平面镜间放一厚度为 2.7mm 的间隔圈,使两镜间距固定不变。当 $\lambda=546.1$nm 的单色光通过标准具后,在两镜镀膜表面间进行多次反射和投射,形成一系列相互平行的反射和投射光束。在透射光束中,相邻两光束的光程差 $\Delta=2nd\cos\theta$,有一定光程差的平行光束在无穷远处发生干涉。当 $\Delta=K\lambda$ 时,同一级次对应着相同的入射角,形成一个亮圆环。不同级次形成一套同心的干涉圆环。

3. 1/4 波片(中心波长 $\lambda=546.1$nm):当沿着磁场方向观察纵效应时,将 1/4 波片放置于偏振片前,用以观察左、右旋的圆偏振光。

4. 偏振片：在垂直于磁场方向观察时用以鉴别 π 成分和 σ 成分。

5. CCD 摄像头：电荷耦合器件简称 CCD，是一种金属氧化物半导体结构的器件，具有光电转换，信息存储和信号传输（自扫描）的功能，在图像传感、信息处理和存储多方面有着广泛的应用。本实验中，经由 F-P 标准具出射的多光束，经透镜会聚相干，呈多光束干涉条纹成像于 CCD 光敏面，利用 CCD 的光电转换功能，将其转换为电信号"图像"，由荧光屏显示。因为 CCD 是对弱光极为敏感的光放大器件，故荧屏上呈现明亮、清晰的 F-P 干涉图像。

3.5.5　实验内容与步骤

1. 调节光路

光路的调节，特别是法布里-珀罗标准具和光源的调整，是做好本实验的关键。

1）光源调节：调整各部件，使之与灯源在同一轴线上。

2）法布里-珀罗标准具的调节：把法布里-珀罗标准具两平面镜内表面的平行度调好。法布里-珀罗标准具靠三个压紧的弹簧螺丝来调整它的两个内表面的平行度，调整方法是：当观察者的眼睛上下左右移动时，如果移动方向是 d 增大的方向，则干涉条纹从中心冒出来，这时应把这个方向的螺丝压紧或把反方向的螺丝放松。

3）调节成像透镜，使干涉图样成像在 CCD 光敏面上，这时在显示器上可以看到细而亮且高对比度的同心环。

2. 垂直于磁场方向观察塞曼分裂

用 F-P 标准具观察 Hg 546.1nm 谱线的塞曼分裂，并用偏振片区分 π 成分和 σ 成分。

3. 平行于磁场方向观察塞曼分裂

抽出磁极芯，沿磁场方向观察 σ 线，用偏振片与 $\frac{1}{4}$ 波片鉴别左旋圆偏振光和右旋圆偏振光，并确定 $\Delta M = +1$ 和 $\Delta M = -1$ 的跃迁与它们的对应关系。

提示：必须先区分同一级环，再确定同一级的内环、外环及它们的 $\Delta M = +1$ 和 $\Delta M = -1$ 跃迁的对应关系。实验过程中要注意观察内环、外环的消失。

4. 测量 e/m

观测横效应的 π 成分，用测量望远镜测量出 K 级与 $K-1$ 级各干涉圆环的直径，用特斯拉计测量磁场 B，数据表格自行设计。计算 e/m 并计算测量误差（荷质比公认值 $e/m = 1.76 \times 10^{11}$ C/kg）。

3.5.6　注意事项

1. 当垂直磁场方向观察、测定横效应时，应将 1/4 波片组拿掉。

2. 通过可调滑座，可纵横向调整测量望远镜位置，若像偏高或偏低，可解脱望远镜筒螺钉，调整镜筒俯仰，使之与 F-P 标准具同轴。此时，各级干涉环中心应位于视场中央，亮度均匀，干涉环细锐，对称性好。

3. F-P 标准具和干涉滤光片度膜面不应擦拭和触摸，若需清洁时，可用吹气球吹去尘埃。

3.5.7　思考题

1. 若安装完成后没有图像，应如何处理？

2. 如何鉴别 F-P 标准具的两个反射面是否严格平行,如发现不平行应该如何调节?

3. 沿着磁场方向观察,$\Delta M = +1$ 和 $\Delta M = -1$ 的跃迁各产生哪种圆偏振光?

3.6 弗兰克-赫兹实验

1914 年,德国物理学家弗兰克(J. Franck)和赫兹(G. Hertz)在研究充汞放电管的气体放电现象时,发现穿过汞蒸气的电子流随电子能量显现出周期性变化,同年又拍摄到汞发射光谱的 253.7nm 谱线,并提出了电子与原子发生非弹性碰撞时能量的转移是量子化的。他们的精确测定表明,电子与汞原子碰撞时,电子损失的能量严格地保持 4.9eV,即汞原子只接收 4.9eV 的能量。这个事实直接证明了汞原子具有玻尔所设想的那种"完全确定的、互相分立的能量状态",是对玻尔的原子量子化模型的第一个决定性的证据。由于他们的工作对原子物理学的发展起了重要作用,共同获得了 1925 年的物理学诺贝尔奖。

3.6.1 实验目的

1. 了解弗兰克-赫兹实验的原理和方法。

2. 通过绘制 I_P-V_{G2} 曲线求出氩原子的第一激发电势,加深对玻尔原子理论的理解。

3.6.2 实验仪器

FH-ⅢA 型弗兰克-赫兹实验仪、示波器等。

3.6.3 实验原理

1913 年,年仅 26 岁的丹麦物理学家玻尔(N. Bohr)提出了氢原子理论,指出原子存在能级。该理论成功地解释了氢原子光谱的实验规律。该理论提出了两个基本假设:(1)原子具有分立的能量 $E_1, E_2, \cdots, E_n$,又称能级,正常状态的原子不辐射也不吸收能量,称为稳定状态。当原子内电子受激发从低能级跃迁到高能级时,称原子处于受激状态。最低能态称为基态。(2)原子在能级间跃迁时,从一定态 E_m 跃迁到另一定态 E_n,要发射或吸收一定的能量,并且满足普朗克公式

$$h\nu = E_m - E_n$$

式中:h 为普朗克常数,ν 为辐射或吸收电磁波的频率。

原子状态的跃迁,通常有两种方式:一种是原子本身吸收或辐射电磁波;另一种是电子与原子碰撞。本实验所用方法属于后者。

电子在加速电压 U 作用下获得能量,表现为电子动能,当

$$eU = \frac{1}{2}mv^2 = E_m - E_n$$

时,即可实现跃迁。若原子吸收能量 eU_0 从基态跃迁到第一激发态,则 U_0 称为第一激发电位,这正是本实验要测的物理量。

弗兰克-赫兹实验线路如图 3.6.1 所示,其核心是弗兰克-赫兹管,它是一个具有双栅极结构的柱面型充稀薄气体原子(1914 年弗兰克和赫兹所充的是汞,为了避免受汞蒸气的侵害,目前实验中充的是氩气)的四极管(简称F-H管)。灯丝F通电后炽热,使旁热式阴极

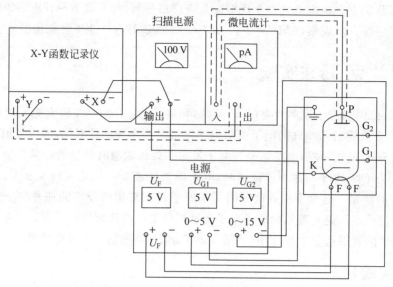

图 3.6.1　弗兰克-赫兹实验线路图

K 受热而发射慢电子。第一栅极 G_1 和阴极 K 之间的电位差由电源 U_{G1} 提供，有一个小正向电压，其作用主要是消除空间电荷对阴极电子发射的影响。扫描电源 U_{G2} 加在第二栅极 G_2 和阴极 K 之间，建立一个加速电场，使得从阴极发出的电子在 U_{G2} 的加速下，以动能 eU_{G2}

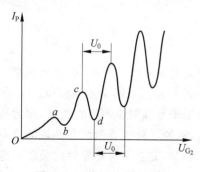

图 3.6.2　I_P-U_{G2} 关系曲线

穿过第二栅极 G_2 而飞向板极 P。由于阴极 K 到栅极 G_2 之间的距离比较大，在适当的蒸气压下，这些电子与气体原子可以发生多次碰撞。电源 U_F 在 G_2 与板极 P 之间形成一个减速电场。在穿越 G_2 的电子中，只有能量大于 eU_{G2} 的电子才能到达板极 P 而形成板极电流 I_P。板极电流 I_P 用微电流测试仪 A 测量，其值大小反应了从阴极达到板极的电子数。在保持 U_F 和 U_{G1} 不变的情况下，改变加速电压 U_{G2} 的大小，测出相应的板极电流 I_P，将得到如图 3.6.2 所示的 I_P-U_{G2} 特性曲线。

当加速电压 U_{G2} 从零开始增大时，板极电流 I_P 也随之增大，表示电子动能增加，到达板极的电子数目必随之增多。这说明电子在飞行途中尽管会与管内的气体原子碰撞，但不损失能量，是弹性碰撞。当 U_{G2} 增大到气体原子的第一激发电位 U_0 时，在栅极 G_2 附近的电子与气体原子发生非弹性碰撞，把几乎全部的能量传递给气体原子，使气体原子激发。这些损失了能量的电子不能穿越减速电场到达板极，即到达板极的电子数目减少，所以 I_P 开始下降。继续增大 U_{G2}，板极电流 I_P 又逐渐回升，这说明电子与气体原子碰撞后的剩余能量尚能使电子穿越减速电场而到达板极。当 U_{G2} 增大到 $2U_0$ 时，I_P 又转为下降，说明电子与气体原子发生了第二次非弹性碰撞而失去能量，并且受到减速电场的阻挡而不能达到板极，电流 I_P 再度下降。同样的道理，随着加速电压 U_{G2} 的继续增大，电子会在栅极 G_2 附近发生第三次、第四次……非弹性碰撞，从而引起板极电流 I_P 的相应下跌，形成具有规则起伏的 I_P-U_{G2} 曲线。可见，加速电压凡满足 $U_{G2}=nU_0$（$n=1,2,3,\cdots$）时，板极电流 I_P 都会相应下跌，而与相邻两板极电流极（或极小值）所对应的加速电压的差值就是气体原子的第一激发电位 U_0。

从图 $3.6.2 I_P\text{-}U_{G2}$ 特性曲线可见，板极电流 I_P 并不是随着 U_{G2} 单调上升，而是有一个变化过程，曲线中出现多次的峰和谷，而且相邻的两峰之间对应的加速电压值均相同。这是因为阴极发射出来的电子，它们的初始能量不是完全相同的，服从一定的统计规律。另外，由于电子与气体原子的碰撞有一定的几率，在大部分电子与气体原子碰撞而损失能量的时候，还会存在一些电子没有参与碰撞而到达了板极，所以 I_P 不会降到零。

原子处于激发态是不稳定的。吸收了 eU_0 电子伏特的能量原子再跳回基态时，就应该有 eU_0 电子伏特的能量以电磁辐射形式发射出来，辐射的频率 ν 由式 $h\nu=eU_0$ 决定。如果弗兰克-赫兹管内充的是汞，由于第一激发电位 $U_0=4.9\text{V}$，则它从第一激发态跃迁回基态时所辐射的光波波长为 $\lambda=2.5\times10^2\text{nm}$；如果管内充以氩气，氩的第一激发电位 $U_0=11.5\text{V}$，则激发光波波长为 $\lambda=108\text{nm}$。这些谱线可以用光谱仪观测。

3.6.4　实验内容及步骤

1. 将主机正面板上的"U_{G2} 输出"和"I_P 输出"与示波器上的"CH1\onX"和"CH1\onY"相连，将电源线插在主机的后面板的插孔内，打开电源开关。

2. 将扫描开关调至"自动"挡，扫描速度开关调至"快速"，把 I_P 电流增益波段开关拨至"10nA"。

3. 打开示波器电源开关，并分别将"X"、"Y"电压调节旋钮调至"1V"和"2V"，"POSITION"调至"X-Y"，"交直流"全部拨到"DC"。

4. 分别调节 U_{G1}、U_P、U_F 电压至厂家标定数值，将 U_{G2} 调节至最大，此时可在示波器上观察到稳定的 $I_P\text{-}U_{G2}$ 曲线。

5. 将扫描开关拨至"手动"挡，调节 U_{G2} 最小，然后逐渐增大其值，寻找 I_P 值的极大和极小值点，以及相应的 U_{G2} 值，即找出对应的极值点（U_{G2}、I_P）也即 $I_P\text{-}U_{G2}$ 曲线的波峰和波谷的位置，相邻波峰或波谷的横坐标之差就是氩的第一激发电位。

（注：实验记录数据时，I_P 电流值为表头示值"$\times10\text{nA}$"；U_{G2} 实际测量值为表头示值"$\times10\text{V}$"。）

6. 每隔 1V 记录一组数据，列出表格，然后画出氩的 $I_P\text{-}U_{G2}$ 曲线。

3.6.5　实验数据及处理

测量数据填入表 3.6.1 中。

表　3.6.1

U_{G2}/V							
$I_P/\mu\text{A}$							

画出氩的 $I_P\text{-}U_{G2}$ 曲线，求氩的第一激发电位。

3.6.6　注意事项

1. 仪器应该检查无误后才接通电源，开关电源前应将各电位器逆时针旋转至最小位置。

2. 灯丝电压 U_P 不宜放得过大，一般在 2V 左右，如电流偏小再适当增加。

3. 要防止 F-H 管击穿（电流急剧增大），如发生击穿应立即调低电压 U_{G2} 以免损坏 F-H 管。

4. 实验完毕，应将各电位器逆时针旋转至最小值。

3.6.7　思考题

1. 为什么本实验的 I_P-U_{G2} 曲线呈周期性的起伏变化？
2. 炉温的变化直接影响 F-H 管的什么参量？

3.7　密立根油滴实验

美国物理学家密立根在 1909—1917 年通过测量微小油滴上所带电荷的电量，证明了任何带电物体所带的电量 q 为基本电荷 e 的整数倍，明确了电荷的量子性，并精确地测定出基本电荷 e 的数值。由于密立根油滴实验设计巧妙、方法简便、结果准确，所以它被公认为实验物理学的光辉典范。由于该实验和普朗克常量测定的成就，密立根荣获了 1923 年的诺贝尔物理学奖。实验装置随着技术的进步而得到了不断的改进，但其实验原理至今仍在当代物理科学研究的前沿发挥着作用，例如，科学家用类似的方法确定出基本粒子——夸克的电量。

3.7.1　实验目的

1. 了解油滴实验的设计方法。
2. 测定基本电荷的电量，验证油滴所带电荷的不连续性。
3. 了解 CCD 图像传感器的原理与应用，学习电视显微的测量方法。

3.7.2　实验仪器

OM98CCD 微机密立根油滴仪、产生油滴的喷雾器。

3.7.3　实验原理

质量为 m、带电量为 q 的油滴处在两块水平放置的平行极板之间，两极板间距离为 d，极板之间的电势差为 U，极板间的电场强度则为 $E=U/d$，如图 3.7.1 所示。油滴在极板之间受到的电场力为 $qE=qU/d$，同时受到的重力为 mg。改变极板间的电势差 U，就可以改变油滴受到的电场力的大小和方向，当油滴所受向上的电场力 qE 与其重力 mg 相等时，油滴将在空中静止，有

$$q = \frac{mg}{E} = mg\,\frac{d}{U} \tag{3.7.1}$$

为了测定油滴所带电量 q，除测出 U、d 外，还必须测出油滴的质量 m。由于油滴非常小，它的半径在 10^{-6} m 数量级，质量约在 10^{-15} kg 数量级，用常规的测量方法是无法测量的，故采用如下方法测量。

当平行板间的电势差 $U=0$ 即未加电压时，油滴受重力的作用而加速下落，由于空气阻力的作用，下落很小一段距离后，油滴就作匀速运动。设速度为 v，这时油滴的重力与空气黏滞阻力 f 平衡（空气浮力忽略不计），

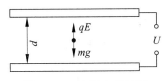

图 3.7.1 电场中的油滴   图 3.7.2 油滴受力

$$f = mg \tag{3.7.2}$$

如图 3.7.2 所示。根据斯托克斯定律,黏滞阻力 $f = 6\pi r \eta v$,故有

$$6\pi r \eta v = mg \tag{3.7.3}$$

式中:η 是空气的黏滞系数;r 是油滴的半径。由于表面张力的作用,微小的油滴呈小球状,其质量为

$$m = \frac{4}{3}\pi r^3 \rho \tag{3.7.4}$$

式中:ρ 是油的密度。由式(3.7.3)和式(3.7.4)得油滴的半径

$$r = \sqrt{\frac{9\eta v}{2\rho g}} \tag{3.7.5}$$

由于油滴非常小,空气已不能看成连续介质,而斯托克斯定律只适用于连续介质,因此应对空气的黏滞系数进行修正,得

$$\eta' = \frac{\eta}{1 + \dfrac{b}{pr}} \tag{3.7.6}$$

式中:$b = 8.22 \times 10^{-3}$ mPa 为修正常量,p 为大气压强。r 为未经修正的油滴半径,由于它在修正项中,不必进行精确计算,仍由式(3.7.5)计算即可。

实验时,当两极板间的电势差 $U = 0$ 时,设油滴匀速下落的距离为 l,时间为 t,则

$$v = \frac{l}{t} \tag{3.7.7}$$

由前面各式联立得到

$$q = \frac{18\pi}{\sqrt{2\rho g}} \left[\frac{\eta l}{t\left(1 + \dfrac{b}{p}\sqrt{\dfrac{2\rho g t}{9\eta l}}\right)} \right]^{3/2} \frac{d}{U} \tag{3.7.8}$$

式(3.7.8)即为静态(平衡)法测油滴电荷的公式。令

$$A = \frac{18\pi}{\sqrt{2\rho g}}(\eta l)^{3/2} d, \quad B = \frac{b}{p}\sqrt{\frac{2\rho g}{9\eta l}}$$

其中的各个量均为实验室给出的常量,则油滴所带的电荷可以表示为

$$q = ne = \frac{A}{[t(1 + B\sqrt{t})]^{3/2} U} \tag{3.7.9}$$

可见,欲测一颗给定油滴的所带电量 q,只需先测出它的平衡电压 U,然后撤去电压,让它在空气中自由下降,并在下落达到匀速后,测出下落给定距离 l 所用的时间 t 即可。

3.7.4　仪器描述

OM98CCD 微机密立根油滴仪主要有油雾室、油滴盒、CCD 电视显微镜、显示器、电路箱等组成。

油雾室用有机玻璃制成，其上有喷雾口和油雾孔，油滴就是通过油雾孔下落到油滴盒中，该孔可以通过拉动铝片打开和关闭。

油滴盒的结构如图 3.7.3 所示。中间是两个圆形平行极板，间距为 d，放在有机玻璃防风罩中。上电极板中心有一个直径 0.4mm 的小孔，油滴经油雾孔落入小孔，进入上、下电极板之间，有照明灯照明。防风罩前装有测量显微镜。目镜中有分划板，分划板刻度是：竖直线视场 2mm，分 8 格，每格为 0.25mm。

照明灯安装在照明座中间位置，在照明光源和照明光路设计上也与一般油滴仪不同，照明灯采用了带聚光红色发光二极管。

CCD 是电荷耦合器件的英文缩写（即 charge coupled device），它是固体图像传感器的核心器件。由它制成的摄像机，可把光学图像变为视频电信号，由视频电缆接到显示器上监视，或接录像机，或接计算机进行处理。本实验使用灵敏度和分辨率甚高的黑白 CCD 摄像机，用分辨率 800 的黑白显示器，将显微镜观察到的油滴运动图像清晰逼真地显示在屏幕上，以便观察和测量。

电路箱体内装有高压产生、测量显示等电路。底座装有三只调平手轮，面板结构如图 3.7.4 所示。由测量显示电路产生的电子分划板在显示器的屏幕上显示白色刻线。

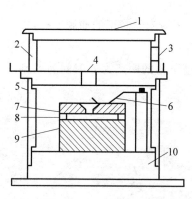

图 3.7.3　油滴盒结构

1—上盖板；2—油雾室；3—喷雾口；4—油雾孔；
5—防风罩；6—上电极压簧；7—上电极
8—油滴盒；9—下电极；10—底座

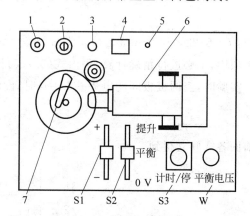

图 3.7.4　油滴仪面板结构

1—视频电缆；2—保险丝；3—电缆线；4—电源开关；
5—指示灯；6—显微镜；7—上电极压簧

在面板上有两只控制平行极板电压的三挡开关，S_1 控制上下极板电压的极性，S_2 控制两极板间电压的大小。当 S_2 处于中间位置即"平衡"挡时，可用电位器调节平衡电压的大小。当 S_2 板到"提升"挡时，自动在平衡电压的基础上增加 $200 \sim 300V$ 的提升电压，当 S_2 扳到"0V"挡时，即板上的电压为 0。

为了提高测量精度，OM98 油滴仪将 S_2 的"平衡"、"0V"挡与计时器的"计时/停"联动。

在 S_2 由"平衡"扳向"0V",油滴开始匀速下落的同时开始计时。当油滴下落到一定距离时,迅速将 S_2 由"0V"挡扳向"平衡"挡,油滴静止的同时停止计时。在屏幕上显示的是油滴实际的运动距离及对应的时间,这样可提高测距、测时的精度。

由于空气阻力的存在,油滴是先经一段变速运动,然后进入匀速运动的,但这变速运动的时间非常短,小于 0.01s,与计时器精度相当。所以可以看作当油滴自静止开始运动时,它是立即作匀速运动的,运动的油滴突然加上原平衡电压时,将立即静止下来。

OM98CCD 油滴仪的计时器采用"计时/停"方式,即按一下开关,清 0 的同时立即开始计时,再按一下,停止计时,并保存数据。计时器的最小显示为 0.01s。

3.7.5　实验内容及步骤

1. 仪器调节

1) 仔细阅读 OM98CCD 密立根油滴仪说明书,熟悉该仪器的使用。

2) 调节仪器底座的调节手轮,使水平仪气泡居中,此时平行极板水平。

3) 打开显示器和油滴仪电源,将电压选择开关拨向"平衡",调节平衡电压旋钮,给极板加上 230V 左右的电压,正负换向开关打在"+"或"-"均可。平衡电压也显示在屏幕上。

2. 练习选择、控制油滴

1) 用喷雾器对准喷雾口向油雾室喷油,微调显微镜调焦手轮,使显微镜聚焦,从屏幕上可看见大量的、清晰的油滴。

2) 选择一颗合适的油滴。质量太大的油滴,所受重力大,下落太快,时间测量误差大;太小的油滴,所受重力小,布朗运动比较明显,也造成测量误差。油滴所带电量的多少,对测量误差也有影响。通常选择平衡电压在 150~300V 之间,匀速下降 1.5mm(分划板上每格 0.25mm,下降 6 格即可)的时间在 8~25s 之间,目视油滴的直径(屏幕上尺寸),选择在 0.5~1.0mm 之间的油滴比较合适。

3) 用升降电压将油滴移至分划板最上边,去掉升降电压使其平衡在此位,在去掉平衡电压使其匀速下落。反复练习,熟练控制油滴的上下和平衡。

3. 测量

1) 将选中的一颗油滴用电压选择开关提升到"0"刻度线上,仔细调节平衡电压,使这颗油滴静止在"0"刻度线上(判断油滴是否平衡要有耐心),并记录下平衡电压。

2) 将电压选择开关拨向"0V",油滴开始匀速下降,同时计时器开始计时,油滴下降到指定点,迅速将电压选择开关拨向"平衡",油滴停止下降,同时计时器也停止计时,记录油滴下降时间 t。

3) 选择 6 颗油滴进行测量(用不同的平衡电压,通常选择平衡电压在 150~300V 之间),每颗油滴重复测 6 次。

3.7.6　实验数据及处理

1. 将测得的数据填在自拟的表格中,整理在实验报告中。

2. 求出不同油滴所带电量，利用计算机软件求其最大公约数，即电子电量。也可用"倒过来验证"的办法进行数据处理，即用公认的电子电量 e 去除实验测得的电量 q，得到一个接近某一整数的数值，这个整数就是油滴所带的基本电荷的数目 n，再用这个 n 去除实验测得的电量，即得电子的电荷量 e。然后与公认的 e 相比较，计算出绝对误差和相对误差。

3.7.7　思考题

1. 如果两极板平行但不水平或两极板不平行，将对实验有何影响？试分析之。
2. 如何判断和控制油滴在测量范围内作匀速直线运动？

4 设计性及应用性实验

设计性实验是一种介于基础实验和科学实验之间的教学实验,目的是让学生在具有一定实验能力的基础上,通过独立分析和探讨,把所学到的理论和实验知识运用到解决物理问题或实际测量问题中。这对激发学生的创造力和探索精神以及提高学生的综合素质等方面具有重要意义。

设计性实验只给出实验任务、实验仪器和简单提示,要求学生自行设计实验方案,选择配套仪器,拟定实验步骤,独立完成实验操作,并写出完整的实验报告。

学习知识的目的是为了将其应用于实践。本章精选了几个应用性实验,这些实验稍做改进,即可应用到实践中去。这类实验的目的是开阔学生眼界,为其将来走向工作岗位打基础。

4.1 用旋光法测定溶液的浓度

光的干涉和衍射现象说明了光具有波动性,而光的偏振现象,则进一步说明光是横波。最早发现偏振光的是法国物理学家马吕斯。1881 年,法国物理学家阿喇果(Arago)首先观察到偏振光的旋光现象。偏振光的应用很广泛,从立体电影、晶体性质研究到光学计量、光弹、薄膜、光通信等技术领域都有巧妙的应用。本实验根据旋光现象利用旋光仪来测定溶液的浓度。

4.1.1 实验目的

1. 观察光的偏振现象和偏振光通过旋光物质后的旋光现象。
2. 熟悉旋光仪的结构、原理和使用方法。
3. 测量旋光溶液的浓度。

4.1.2 实验仪器

温度计、旋光仪、盛液玻璃管、已知浓度和未知浓度的葡萄糖溶液。

4.1.3 实验原理

一般光源发出的光,包含垂直于传播方向的各方向上的光振动,这种光称为自然光。只包含一个方向光振动的光称为平面偏振光(简称偏振光)。当一束平面偏振光通过某些物质时,其振动方向会发生改变,此时光的振动面旋转一定的角度,这种现象称为旋光现象,这种物质称为旋光物质。旋光物质使偏振光振动面旋转的角度称为旋光度。

物质的旋光度 $\Delta\theta$ 与偏振光通过溶液的长度 L 和溶液的浓度 C 成正比,即

$$\Delta\theta = \alpha L C \tag{4.1.1}$$

式中：α 称为物质的旋光率，同种旋光物质对相同波长的光具有相同的旋光率。从式(4.1.1)可以看出，只要测出物质的旋光度 $\Delta\theta$、旋光率 α 和溶液的长度 L 即可求得溶液的浓度。

4.1.4　仪器描述

旋光仪结构如图 4.1.1 所示，它用来测定旋光性溶液的旋光度。旋光仪的主要元件是两块尼柯尔棱镜（一块用作起偏器 5，另一块用作检偏器 10）。如让第一个棱镜（起偏镜）产生的偏振光照射到另一个与起偏镜具有平行的偏振化方向的尼柯尔棱镜上，则这束平面偏振光也能通过第二个棱镜（检偏镜）。如果检偏镜的偏振化方向与起偏镜的垂直，则由起偏镜出来的偏振光完全不能通过检偏镜。如果检偏镜与起偏镜的偏振化方向之间的夹角在 $0\sim90°$ 之间，则光线部分通过检偏镜。通过调节检偏镜，能使透过的光线强度在最强和零之间变化，光强度变化规律遵从马吕斯定律 $I = I_0 \cos^2\theta$。可见，若以光传播方向为轴转动检偏镜，透射光强度 I 将发生周期性变化。当 $\theta = 0°$ 时，透射光强度最大；当 $\theta = 90°$ 时，透射光强度为极小值（消光状态），接近全暗；当 $0° < \theta < 90°$ 时，透射光强度介于最大值和最小值之间。

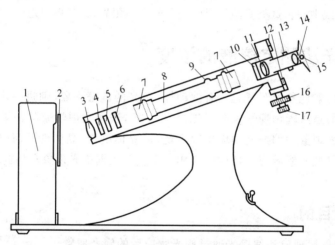

图 4.1.1　旋光仪结构示意图

1—钠光灯；2—毛玻璃；3—会聚透镜；4—滤色镜；5—起偏器；6—石英片；7—螺帽；8—测试管；
9—测试管凸起；10—检偏器；11—望远镜的物镜；12—度盘和游标；13—望远镜的调焦手轮；
14—望远镜的目镜；15—放大镜；16—度盘转动细调手轮；17—度盘转动粗调手轮

如果在起偏镜与检偏镜之间放有旋光性物质，则由于物质的旋光作用，使来自起偏镜的光的偏振面改变了某一角度，只有检偏镜也旋转同样的角度，才能补偿光线改变的角度，使透过的光的强度与原来相同。旋光仪就是根据这种原理设计的。

旋光仪读数装置采用了双游标读数，以消除偏心差。度盘和检偏镜一体，利用度盘转动手轮作粗（小轮）、细（大轮）调节。游标窗前有供读游标的放大镜装置。

通过检偏镜用肉眼判断偏振光通过旋光物质前后的强度是否相同是十分困难的，为此设计了一种在视野中分出三分视界的装置。原理是：在起偏镜后放置一块狭长的石英片 6，由起偏镜透过来的偏振光通过石英片时，由于石英片的旋光性，使偏振旋转了一个角度 φ，通过镜前观察，光的振动方向如图 4.1.2(a)所示。A 是通过起偏镜的偏振光的振动方向,A'是通过石英片旋转一个角度后的振动方向,此两偏振方向的夹角 φ 称为半暗角($\varphi=2°\sim3°$)。如果旋转检偏镜使透射光的偏振化方向与 A' 平行时,在视野中将观察到:中间狭长部分较明亮,而两旁较暗,如图 4.1.2(b)所示,这是由于两旁的偏振光不经过石英片。如果检偏镜的偏振面与起偏镜的偏振面平行(即在 A 的方向时),在视野中将是:中间狭长部分较暗而两旁较亮,如图 4.1.2(c)所示。当检偏镜的偏振面处于 $\varphi/2$ 时,两旁直接来自起偏镜的光的偏振面被检偏镜旋转了 $\varphi/2$,而中间被石英片转了 φ 的偏振面又被检偏镜旋转了角度 $\varphi/2$,这样中间和两边的光偏振面都被旋转了 $\varphi/2$,故视野呈微暗状态,且三分视场内的暗度是相同的,如图 4.1.2(d)所示。将这一位置作为仪器的零点,在每次测定时,调节检偏镜使三分视场的暗度相同,然后读数。

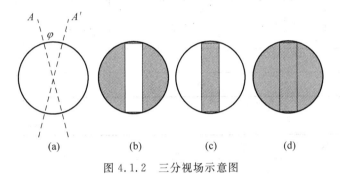

图 4.1.2　三分视场示意图

4.1.5　实验内容及步骤

1. 接通旋光仪电源,约 5min 后待钠光灯发光正常,开始实验。

2. 在没有放测试管时,调节望远镜调焦手轮,使三分视场清晰。调节度盘转动手轮,当三分视场刚消失并且整个视场变为较暗的黄色时,记录左、右两游标的读数 θ_0、θ'_0。

3. 将已知浓度的测试液体(长管)放入旋光仪试管筒内,试管的凸起部分朝上,以便存放管内残存的气泡。调节望远镜调焦手轮,使三分视场清晰,调节度盘转动手轮,在视场中找到三分视场刚消失并且整个视场变为较暗的黄色时,记录左、右两游标的读数 θ、θ',填入数据表格内。

4. 重复步骤 2、3 共测 6 次,计算物质的旋光率。

5. 将待测溶液(短管)装入测试筒,重复上述步骤 2、3,操作 6 次,测出旋光角并计算出待测液体的浓度。

6. 将装有蒸馏水的测试管放入旋光仪的试管筒内,调节望远镜的调焦手轮和度盘转动手轮,观察是否有旋光现象。

4.1.6　注意事项

1. 测试管应轻拿轻放,小心打碎。

2. 溶液应装满试管,不能有气泡。

3. 只能向同一方向转动度盘手轮,而不能来回转动度盘手轮,以免产生回程误差。

4. 每次调换溶液,试管应清洁。

4.1.7　实验数据及处理

将长管和短管测量数据分别填入表 4.1.1 和表 4.1.2 中。

表　4.1.1　　　　　　　　　　　　　　　　　　　　长度 $L=$ _____ cm，浓度 $C_1=4\%$

次　数	θ_0		θ		$\overline{\Delta\theta}=\overline{|\theta-\theta_0|}$	α	$\bar{\alpha}$
	左	右	左	右			
1							
2							
3							
4							
5							
6							

表　4.1.2　　　　　　　　　　　　　　　　　　　　　　　　长度 $L=$ _____ cm

次　数	θ_0		θ		$\overline{\Delta\theta}=\overline{|\theta-\theta_0|}$	C	$\varepsilon_{Ci}=C_i-\bar{C}$
	左	右	左	右			
1							
2							
3							
4							
5							
6							

$$\sigma=\sqrt{\frac{\sum\varepsilon_{Ci}^2}{n(n-1)}}=\underline{\qquad},\quad C=\bar{C}\pm\sigma=\underline{\qquad},\quad E=\sigma/\bar{C}\times100\%=\underline{\qquad}$$

4.1.8　思考题

1. 什么是旋光率？旋光率与哪些因素有关？
2. 如何用旋光原理测量溶液的浓度？

4.2　用分光计测定三棱镜的折射率

4.2.1　实验目的

1. 进一步学习分光计的正确使用。
2. 学会用最小偏向角法测三棱镜的折射率。

4.2.2 实验仪器

分光计、平面镜、三棱镜、汞灯、电源。

4.2.3 实验原理

在介质中,不同波长的光有着不同的传播速度 v,不同波长的光在真空中传播速度相同都为 c。c 与 v 的比值称为该介质对这一波长的光的折射率,用 n 表示,即 $n=\dfrac{v}{c}$。同一介质对不同波长的光折射率是不同的。因此,给出某一介质的折射率时必须指出是对某一波长而言的。一般所讲的介质的折射率通常是指该介质对钠黄光的折射率,即对波长为 589.3nm 的折射率。

介质的折射率可以用很多方法测定,在分光计上用最小偏向角法测定玻璃的折射率,可以达到较高的精度。这种方法需要将待测材料磨成一个三棱镜。如果测液体的折射率,可用表面平行的玻璃板做一个中间空的三棱镜,充入待测的液体,可用类似的方法进行测量。平行的单色光入射到三棱镜的 AB 面,经折射后由另一面 AC 射出,如图 4.2.1 所示。

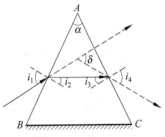

图 4.2.1 光线偏向角示意图

入射光线和 AB 面法线的夹角称为入射角 i_1,出射光和 AC 面法线的夹角称为出射角 i_4,入射光和出射光的夹角 δ 称为偏向角。因为棱镜已经给定,所以顶角和折射率已确定不变,所以偏向角是入射角的函数,随入射角而变。

转动三棱镜,改变入射光对光学面 AB 的入射角,出射光线的方向也随之改变,即偏向角发生变化。沿偏向角减小的方向继续缓慢转动三棱镜,使偏向角逐渐减小;当转到某个位置时,若再继续沿此方向转动,偏向角又将逐渐增大,偏向角在此位置达到最小值,称为最小偏向角,用 $\delta_{\min}$ 表示。δ 与光线的入射角有关:

$$\alpha = i_2 + i_3 \tag{4.2.1}$$
$$\delta = (i_1 - i_2) + (i_4 - i_3) = (i_1 + i_4) - \alpha \tag{4.2.2}$$

由于 i_4 是 i_1 的函数,因此 δ 实际上只随 i_1 变化,当 i_1 为某一个值时,δ 达到最小,这最小的 δ 即为最小偏向角 $\delta_{\min}$。为了求 δ 的极小值,令导数 $\dfrac{\mathrm{d}\delta}{\mathrm{d}i_1} = 0$,由式(4.2.2)得

$$\frac{\mathrm{d}i_4}{\mathrm{d}i_1} = -1 \tag{4.2.3}$$

由折射定率得

$$\sin i_1 = n\sin i_2, \quad \sin i_4 = n\sin i_3 \tag{4.2.4}$$
$$\cos i_1 \,\mathrm{d}i_1 = n\cos i_2 \,\mathrm{d}i_2, \quad \cos i_4 \,\mathrm{d}i_4 = n\cos i_3 \,\mathrm{d}i_3 \tag{4.2.5}$$

于是,有

$$\mathrm{d}i_3 = -\,\mathrm{d}i_2 \tag{4.2.6}$$
$$\frac{\mathrm{d}i_4}{\mathrm{d}i_1} = \frac{\mathrm{d}i_4}{\mathrm{d}i_3} \cdot \frac{\mathrm{d}i_3}{\mathrm{d}i_2} \cdot \frac{\mathrm{d}i_2}{\mathrm{d}i_1} = \frac{n\cos i_3}{\cos i_4} \times (-1) \times \frac{\cos i_1}{n\cos i_2} = -\frac{\cos i_3 \cos i_1}{\cos i_4 \cos i_2}$$

$$= -\frac{\cos i_3}{\cos i_2} \frac{\sqrt{1 - n^2 \sin^2 i_2}}{\sqrt{1 - n^2 \sin^2 i_3}} = -\frac{\sqrt{\sec^2 i_2 - n^2 \tan^2 i_2}}{\sqrt{\sec^2 i_3 - n^2 \tan^2 i_3}}$$

$$= -\frac{\sqrt{1 + (1 - n^2) \tan^2 i_2}}{\sqrt{1 + (1 - n^2) \tan^2 i_3}} \qquad (4.2.7)$$

此式与式(4.2.1)比较可知 $\tan i_2 = \tan i_3$，在棱镜折射的情况下，$i_2 < \frac{\pi}{2}$，$i_3 < \frac{\pi}{2}$，所以 $i_2 = i_3$。由折射定律可知，这时，$i_1 = i_4$。因此，当 $i_1 = i_4$ 时，δ 具有极小值。将 $i_1 = i_4$，$i_2 = i_3$ 代入式(4.2.1)和式(4.2.2)，有

$$\alpha = 2i_2, \quad \delta_{\min} = 2i_1 - \alpha, \quad i_2 = \frac{\alpha}{2}, \quad i_1 = \frac{1}{2}(\delta_{\min} + \alpha) \qquad (4.2.8)$$

$$n = \frac{\sin i_1}{\sin i_2} = \frac{\sin \dfrac{\delta_{\min} + \alpha}{2}}{\sin \dfrac{\alpha}{2}} \qquad (4.2.9)$$

由式(4.2.9)可知，只要测出三棱镜顶角 α 和对该波长的入射光的最小偏向角 $\delta_{\min}$ 即可得出三棱镜玻璃对该波长的入射光的折射率。而其中的顶角 α 和最小偏向角 $\delta_{\min}$ 可由分光计测得。

4.2.4　实验内容及步骤

1. 按《分光计的调整和测定》的要求对分光计进行调整。使分光计达到以下三点要求：

(1) 望远镜聚焦于无穷远处，或称为适合于观测平行光。

(2) 望远镜和平行光管的光轴与分光计的中心轴线相互垂直。

(3) 平行光管射出的光是平行光——即狭缝的位置正好处于平行光管物镜的焦平面处。

只有调整分光计符合上述三点要求，才能用它精密测量平行光线的偏转角度。

2. 用自准法测量三棱镜顶角 α

棱镜顶角可利用望远镜自身的平行光及阿贝自准系统进行测量，其测量光路如图 4.2.2 所示。使望远镜光轴垂直于 AB 面，读出角度 $\theta_{左}$ 和 $\theta_{右}$，再将望远镜转至垂直于 AC 面读出角度 $\theta'_{左}$ 和 $\theta'_{右}$。则望远镜转过的角度为 $\varphi = \dfrac{|\theta_{左} - \theta'_{左}| + |\theta_{右} - \theta'_{右}|}{2}$。由几何关系可得：三棱镜顶角 $\alpha = 180° - \varphi$。

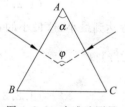

图 4.2.2　自准法测量顶角光路图

3. 最小偏向角 $\delta_{\min}$ 的测定

(1) 平行光入射到 AB 面，在 AC 面靠近 BC 毛面的某个方向观测出射的光谱线。开始时，由于望远镜视场很小，可先从望远镜外用眼睛观察 AC 面出射的光谱线，可以看到一系列黄色谱线，再转动平台，眼睛观察透过三棱镜的光谱线移动的情况，找到谱线与入射光夹角最小的位置，即：光谱线不再随平台转动而继续向偏向角小的方向移动，而向反方向移动的位置，此位置就是最小偏向角的位置。再用望远镜对准这个位置，进行细调。在望远镜内看到一系列细而清晰的黄色谱线，转动载物台，首先观察波长 $\lambda = 589.3$nm 的钠黄光谱线，使该谱线朝偏向角减小的方向移动，同时转

动望远镜跟踪该谱线,直到棱镜继续沿着同一方向转动时,谱线不再向前移动却反而向反方向移动,此转折点即为相应该谱线最小偏向角的位置;用望远镜的竖直准线对准它,然后缓慢转动平台,找到开始反向的确切位置,最后仔细动望远镜,使十字准线的竖线准确地与谱线重合,读出左、右两边窗口的读数。

(2)再重复测量六次。

(3)求出波长 $\lambda = 589.3$nm 的钠黄光谱线的最小偏向角。

4. 计算三棱镜对波长 $\lambda = 589.3$nm 的钠黄光谱线的折射率 n。

4.2.5 注意事项

1. 所有光学仪器的光学面均不能用手擦拭,应该用镜头纸轻轻揩擦。三棱镜、平面镜应妥善放置,以免损坏。

2. 分光计是较精密的光学仪器,不允许在制动螺钉锁紧时强行转动望远镜或游标盘等,也不要随意拧动狭缝。

3. 在读数前务必检查分光计的几个制动螺钉是否锁紧,以防读数过程中,望远镜或游标盘转动,这样取得的数据不可靠。

4. 测量中应正确使用望远镜转动的微调螺丝,以便提高工作效率和测量准确度。使用微调螺钉时,应保证相应的制动螺钉在松弛状态。

5. 在游标读数过程中,由于望远镜可能位于任何方位,故处理数据时,应注意望远镜转动过程中是否过了刻度零点。

6. 读数时,左、右游标不要弄混。

4.2.6 数据记录与处理

1. 自准法测量三棱镜顶角 α,数据填入表 4.2.1。

表 4.2.1

次数	$\theta_{左}$	$\theta_{右}$	$\theta'_{左}$	$\theta'_{右}$	$\alpha = 180° - \dfrac{\mid\theta_{左} - \theta'_{左}\mid + \mid\theta_{右} - \theta'_{右}\mid}{2}$	$\bar{\alpha}$
1						
2						
3						
4						
5						
6						

计算三棱镜顶角的不确定度

$$\sigma = \sqrt{\frac{\sum (\theta_{左} - \bar{\theta}_{左})^2}{N(N-1)}}$$

$$\Delta_{\theta_A} = \frac{\sigma}{\sqrt{N}}$$

$$\Delta_{\theta_B} = \frac{\Delta_{仪}}{\sqrt{3}} = \frac{30''}{\sqrt{3}}$$

$$\Delta_{\theta_{\text{左}}} = \sqrt{\Delta_{\theta_A}{}^2 + \Delta_{\theta_B}{}^2}$$

同理,可求出 $\Delta_{\theta'_{\text{左}}}$、$\Delta_{\theta_{\text{右}}}$、$\Delta_{\theta'_{\text{右}}}$,得到顶角总不确定度

$$\Delta_\alpha = \frac{1}{2}\sqrt{(\Delta_{\theta_{\text{左}}})^2 + (\Delta_{\theta'_{\text{左}}})^2 + (\Delta_{\theta_{\text{右}}})^2 + (\Delta_{\theta'_{\text{右}}})^2}$$

$$\alpha = \bar\alpha \pm \Delta_\alpha$$

2. 测量最小偏向角 $\delta_{\min}$,数据填入表 4.2.2。

表 4.2.2

次数	$\theta_{\text{左}}$	$\theta_{\text{右}}$	$\theta'_{\text{左}}$	$\theta'_{\text{右}}$	$\lvert \theta_{\text{左}} - \theta'_{\text{左}} \rvert$	$\lvert \theta_{\text{右}} - \theta'_{\text{右}} \rvert$	$\delta_{\min}$	$\bar\delta_{\min}$
1								
2								
3								
4								
5								
6								

最小偏向角的不确定度

$$\sigma = \sqrt{\frac{\sum(\theta_{\text{左}} - \bar\theta_{\text{左}})^2}{N(N-1)}}$$

$$\Delta_{\theta_A} = \frac{\sigma}{\sqrt{N}}, \qquad \Delta_{\theta_B} = \frac{\Delta_{\text{仪}}}{\sqrt{3}} = \frac{30''}{\sqrt{3}}$$

$$\Delta_{\theta_{\text{左}}} = \sqrt{\Delta_{\theta_A}{}^2 + \Delta_{\theta_B}{}^2}$$

同理,可求出 $\Delta_{\theta'_{\text{左}}}$、$\Delta_{\theta_{\text{右}}}$、$\Delta_{\theta'_{\text{右}}}$,得到 $\delta_{\min}$ 总不确定度

$$\Delta_{\delta_{\min}} = \frac{1}{2}\sqrt{(\Delta_{\theta_{\text{左}}})^2 + (\Delta_{\theta'_{\text{左}}})^2 + (\Delta_{\theta_{\text{右}}})^2 + (\Delta_{\theta'_{\text{右}}})^2}$$

$$\delta_{\min} = \bar\delta_{\min} \pm \Delta_{\delta_{\min}}$$

计算三棱镜的折射率

$$\bar n = \frac{\sin i}{\sin r} = \frac{\sin\dfrac{\bar\delta_{\min} + \bar\alpha}{2}}{\sin\dfrac{\bar\alpha}{2}}$$

$$\Delta_{nr} = \frac{\Delta_n}{\bar n} = \sqrt{\left(\frac{\partial \bar n}{\partial \bar\alpha}\right)^2 (\Delta_\alpha)^2 + \left(\frac{\partial \bar n}{\partial \bar\delta_{\min}}\right)^2 (\Delta_{\delta_{\min}})^2}$$

其中:

$$\frac{\partial \bar n}{\partial \bar\alpha} = -\frac{\sin\left(\dfrac{\bar\delta_{\min}}{2}\right)}{2\sin^2\left(\dfrac{\bar\alpha}{2}\right)}, \qquad \frac{\partial \bar n}{\partial \bar\delta_{\min}} = \frac{\cos\left(\dfrac{\bar\alpha + \bar\delta_{\min}}{2}\right)}{2\sin\left(\dfrac{\bar\alpha}{2}\right)}$$

$$\Delta_n = \Delta_{nr}\,\bar n$$

$$n = \bar{n} \pm \Delta_n$$

4.2.7 思考题

1. 分光计的调整有哪些要求？其检查的标准是什么？
2. 如何测三棱镜的顶角？
3. 如何测定三棱镜对钠黄光的最小偏向角 δ_{min}？

4.3 指针式温度计的设计

4.3.1 实验目的

1. 测量非平衡电桥的温度特性曲线。
2. 利用非平衡电桥,设计一个指针式温度计。

4.3.2 实验仪器

非平衡电桥、检流计、水浴锅、直流稳压电源、温度计、热敏电阻、电阻箱等。

4.3.3 实验提示

热敏电阻的特点是对温度的变化非常灵敏,把热敏电阻与非平衡电桥结合起来,就可以构成一个温度计。设计的关键是温度计的定标。可以先测量热敏电阻的温度特性,再测量非平衡电桥的温度特性曲线,调整非平衡电桥,满足 $t=0℃$ 时,$I_g=0$；$t=100℃$ 时,$I_g=I_{max}$ 即可。设计一个量程为 $0\sim100℃$ 的温度计。实验中,绘制出热敏电阻特性曲线,在低端与高端范围内,数据点应不少于 10 个。

4.4 用电位差计测电阻

4.4.1 实验目的

用箱式电位差计测量未知电阻(约 10Ω)。

4.4.2 实验仪器

箱式电位差计、直流稳压电源、检流计、滑线变阻器、标准电阻、待测电阻、导线若干等。

4.4.3 实验提示

电位差计可直接测量电压,在此基础上搭建一个电路,即可测量电阻。

4.5 马吕斯定律的验证

4.5.1 实验目的

验证马吕斯定律。

4.5.2 实验仪器

光具座、氦-氖激光器、扩束镜、起偏器、检偏器、小孔屏、光电检流计等。

4.5.3 实验提示

当一束偏振光入射到一个偏振片时，其强度要发生变化，入射光线强度和出射光线强度之间的关系为 $I = I_0 \cos^2 \theta$，称为马吕斯定律。其中，I_0 和 I 分别为入射光和出射光的强度，θ 为入射光的偏振方向和偏振片的偏振化方向之间的夹角。利用光电检流计测量出 I 随 θ 的变化，即可验证马吕斯定律。

4.6 压力传感器实验

在物理实验、科学研究和生产过程中，需要测量各种物理量。由于电学量在测量、传送和记录等方面有其他非电量无法比拟的优点，因此在现代测量技术中对非电量的测量广泛使用电测法。将非电量信号转换成电量信号的装置叫做传感器。传感器的作用就是把被测量的非电量信号（如力、热、声、磁和光等物理量）转换成与之成比例的电量信号（如电压和电流），然后再经过适当的测量电路处理后，送至指示器显示或记录。这种非电量至电量的转换是应用不同物体的某些电学性质与被测量之间的特性关系来实现的，例如利用电阻效应、热电效应、磁电效应、光电效应和压电效应等关系。应用不同物体的独特的物理变化，可以设计和制造出使用于各种不同用途的传感器。压力传感器是最基本的传感器之一。学生通过压力传感器特性研究实验，可以为以后压力传感器的应用打好基础。

4.6.1 实验目的

1. 了解非电量电测的一般原理和测量方法。
2. 掌握压力传感器的构造、原理、测量方法和特性
3. 了解非平衡电桥的原理、熟悉箱式电位差计的使用方法。

4.6.2 实验仪器

PF-1 传感器特性仪、PF-2 传感器特性数显仪、PF-3 传感器特性平衡器、500g 砝码若干。

4.6.3 实验原理

非电量电测系统一般由传感器、测量电路和显示记录三部分组成，它们的关系如图 4.6.1 所示。现在以应变电阻片做成的压力传感器为例进一步讨论如何实现将"力"的测量转变为"电压"测量的电测系统。

1. 压力传感器

应变电阻片是用一根很细的康铜电阻丝按图 4.6.2 所示的形状弯曲后用胶粘贴在衬底（用纸或有机聚合物薄膜制成）上，电阻丝两端有引出线用于外接。康铜丝的直径在 0.012～0.050mm 之间。电阻丝受外力作用拉长时电阻要增加，压缩时电阻要减小，这种现象为

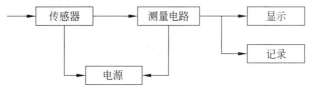

图 4.6.1 非电量电测系统

应变效应,这种电阻片取名为应变电阻片。将应变电阻片粘贴在弹性材料上,当材料受外力作用产生形变时,电阻片跟着形变,这时电阻值发生变化,通过测量电阻值的变化就可反映出外力作用的大小。实验证明,在一定范围内电阻的变化和电阻丝轴向长度的变化成正比。即

$$\frac{\Delta R}{R} \propto \frac{\Delta L}{L} \tag{4.6.1}$$

压力传感器是将四片电阻片分别粘贴在弹性平行梁 A 的上下两表面适当的位置,如图 4.6.3 所示。R_1、R_2、R_3、R_4 是四片电阻片,梁的一端固定,另一端自由用于加载荷外力 F。弹性梁受载荷作用而弯曲,梁的上表面受拉,电阻片 R_1 和 R_3 亦受拉伸作用电阻增大,梁的下表面受压,R_2 和 R_4 电阻减小。这样外力 F 的作用通过梁的形变而使四个电阻片电阻值发生变化,这就是压力传感器。

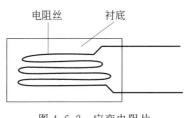

图 4.6.2 应变电阻片

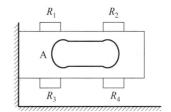

图 4.6.3 压力传感器

2. 测量电路

由于电阻的变化是很微小的,因此要求测量电路能精确地测量出这些微小的电阻变化。通常采用我们熟悉的电桥电路方法,并用不平衡电桥进行测量。传感器上的电阻 R_1、R_2、R_3、R_4 接成图 4.6.4 的直流桥路,cd 两端接稳压电源 E,ab 两端为电桥电压输出端,输出电压为 U_0,从图 4.6.4 可知

$$U_0 = E[R_1/(R_1 + R_2) - R_4/(R_3 + R_4)] \tag{4.6.2}$$

当电桥平衡时,即 $U_0 = 0$,有

$$R_1 \cdot R_3 = R_2 \cdot R_4 \tag{4.6.3}$$

式(4.6.3)为电桥平衡条件。在传感器上贴的电阻片是相同的四片电阻片,其电阻值相同,即有

$$R_1 = R_3 = R_2 = R_4 = R \tag{4.6.4}$$

所以传感器不受外力作用时,电桥满足平衡条件。a 与 b 两端电压 $U_0 = 0$。当梁受到载荷 F 的作用,如前面讨论可知电阻值发生了变化,如图 4.6.5 所示,电桥不平衡,则有

$$U_0 = E[(R_1 + \Delta R_1)/(R_1 + \Delta R_1 + R_2 - \Delta R_2)$$

$$-(R_4 - \Delta R_4)/(R_3 + \Delta R_3 + R_4 - \Delta R_4)] \tag{4.6.5}$$

假设

$$\Delta R_1 = \Delta R_2 = \Delta R_3 = \Delta R_4 = \Delta R \tag{4.6.6}$$

将式(4.6.4)和式(4.6.6)代入式(4.6.5)后,可得

$$U_0 = E \cdot \Delta R/R \tag{4.6.7}$$

从式(4.6.7)可知电桥输出的不平衡电压 U_0 是和电阻的变化 ΔR 成正比的,这就是非平衡电桥的工作原理。显然测量出 U_0 的大小即可反映外力 F 的大小。此外由式(4.6.7)还可知,若要获得较大的输出电压 U_0,可以采用较高的电源电压 E 即可,同时亦说明电源电压不稳定将给测量结果带来误差,因此电源电压一定要稳定。

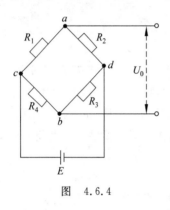
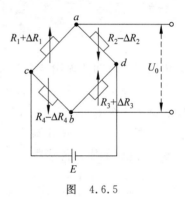

图 4.6.4　　　　　　　　　　图 4.6.5

3. 显示记录

电压 U_0 的测量目前常用的显示装置有三类:模拟显示如毫伏表,数字显示如数字电压表,图像显示。常用的记录仪有各种光线示波器、电传打字机和电子自动电位差计等。在此实验中采用箱式电位差计测量 U_0。

4.6.4　实验内容及步骤

1. 仪器的连接

从图 4.6.6 可知实验电路要在桥臂 R_3 和 R_4 之间外接一个传感器平衡器 R_0。这是因为在测量之初传感器不受外力时,电桥应处于初始平衡状态,但实际上电桥各臂电阻不可能完全相同,另外还有接触电阻和导线电阻等因素使得电桥总是稍微的不平衡,为此接入 R_0,微调此电阻满足初始平衡条件状态。

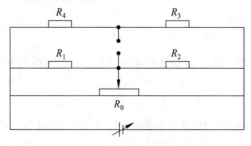

图 4.6.6　实验电路

2. 测量载荷力 F 与电桥输出电压 U_0 的关系,保持电源输出电压 $E=10.0\mathrm{V}$。

(1) 将电位差计电流标准化后置于测量状态。

(2) 置电位差计输出为 0,微调电阻 R_0,使电桥平衡即 $U_0=0$。

(3) 按顺序增加砝码的数量(每次增加 500g,共 8 次),记录每次加载时的输出电压值 U_0。

(4) 再按相反次序将砝码逐渐取下,记录输出电压值 U_0。

3. 用压力传感器测量任意物体的重量。

(1) 将一个未知重量的物体 W 置于加载的平台上,测出电压 U_0,同一物体测量三次求出平均值 $\overline{U}_0$。

(2) 物体的重量 $W=\overline{U}_0\times 1/S$。

4. 测量传感器电源电压 E 与电桥输出电压 U_0 的关系,保护加载砝码的质量为 1000g。

(1) 改变稳压电源的输出电压 E 从 $1.0\sim 10.0\mathrm{V}$,分别记录输出电压值 U_0。

(2) 作 E-U_0 关系图,分析是否为线性关系。

5. 自己设计压力测力计,测量任意物体的重量。

4.6.5 注意事项

1. 实验过程中载物台所加砝码不能超过仪器最大量程。

2. 实验过程中加减砝码必须遵循轻拿轻放原则,以免损坏传感器。

4.6.6 实验数据记录与处理

1. 灵敏度 S 的数据填入表 4.6.1 中。

表 4.6.1

次数	质量 M/kg	外力 $F=9.8M/\mathrm{N}$	U_0/mV			$\Delta F=F_{i+4}-F_i$ $=2.000\times 9.8(\mathrm{N})$
			顺序	反序	平均	$\Delta U_0/\mathrm{mV}$
0						
1						
2						
3						
4						平均 $\Delta\overline{U}_0=$
5						
6						$S=\Delta\overline{U}_0/\Delta F$
7						$=$
8						

2. 线性度(非线性误差)L;滞后性(滞后差)H;重复性误差 R

$$L=(|\Delta L_{\max}|/U_0\times 100\%)F\cdot S=$$

$$H = (\mid \Delta H_{max} \mid /U_0 \times 100\%)F \cdot S =$$
$$R = (\mid \Delta R_{max} \mid /U_0 \times 100\%)F \cdot S =$$

式中，ΔL_{max} 为加载时输出曲线与理想直线的最大差值；ΔH_{max} 为卸载时输出曲线与加载时输出曲线的最大差值；ΔR_{max} 为三次加载时曲线输出值之间的最大差值。线性度又称非线性误差，表征传感器输出-输入校准曲线（或平均校准曲线）与所选定的作为工作直线的拟合直线之间的偏离程度。滞后误差是传感器的一个性能指标，它反映了传感器的机械部分和结构材料方面不可避免的弱点，如轴承摩擦、灰尘积塞、间隙不适当、螺钉松动、元件磨蚀或碎裂以及材料的内摩擦。滞后误差大小一般由实验确定，用整个测量范围内的最大滞后误差值与理论满量程输出值之比的百分数来表示。重复性误差为在全测量范围内和同一工作条件下，从同方向对同一输入值进行多次连续测量所获得的随机误差。

3. 传感器特性曲线（作图）

4. 列出测量物体重量和电源输出电压 E 与电桥输出电压 U_0 关系的数据表格。

4.6.7　思考题

1. 非平衡电桥的工作原理是什么？
2. 如何设计一个电子秤？
3. 电子秤与弹簧测力计比较有何优点？

4.7　传感器特性研究

传感器是一种检测装置，能感受到被测量的信息，并能将检测感受到的信息，按一定规律变换成为电信号或其他所需形式的信息输出，以满足信息的传输、处理、存储、显示、记录和控制等要求。它是实现自动检测和自动控制的首要环节。温度传感器是把温度变化转变为输出电信号的装置，本实验对温度传感器特性进行研究。

4.7.1　实验目的

1. 了解温度传感器的电路结构及电路参数的选择规则。
2. 测定热敏电阻的温度特性曲线。

4.7.2　实验仪器

TS-A 温度传感器技术实验仪、ZX21 型电阻箱、UJ-3 恒温磁力搅拌器、水银温度计、数字万用表、烧杯。

4.7.3　实验原理

温度传感器的检测元件一般都是热敏电阻。热敏电阻一般用半导体材料制成，其电阻随着温度的升高而迅速减小。这是由于半导体中载流子数目随温度的升高而增加引起的。热敏电阻 R 随温度的变化规律为

$$R_t = R_{25} e^{\beta(\frac{1}{273+t} - \frac{1}{298})} \tag{4.7.1}$$

式中：R_t 和 R_{25} 分别为 $t℃$ 和 25℃时热敏电阻的阻值，β 为与材料有关的系数。

图 4.7.1 给出实验中所用传感器的电路结构及其等效电路图。图中,热敏电阻作为电桥的一个臂。当温度变化时,引起热敏电阻的阻值变化,电桥的输出电压也随之改变,因此,该装置可以把温度的变化转换为输出电压的变化。当电桥不平衡时,输出电压 V 一般量级很小,需要进行放大,本实验所用传感器采用运算放大器电路进行放大。在图 4.7.1 中,设 $R_5 = R_6 = R$ 以及 $R_7 = R_8 = R_f$,则有

$$R'_1 = \frac{R_1 \cdot R_t}{R_1 + R_t}, \quad V_{i1} = \frac{R_t}{R_1 + R_t} V \tag{4.7.2}$$

$$R'_2 = \frac{R_2 \cdot R_3}{R_2 + R_3}, \quad V_{i2} = \frac{R_3}{R_2 + R_3} V \tag{4.7.3}$$

$$V_- = V_{i1} - i_1(R'_1 + R_5) = V_{i1} - \frac{V_{i1} - V_o}{R'_1 + R_f + R}(R'_1 + R) \tag{4.7.4}$$

$$V_+ = \frac{V_{i2}}{R'_2 + R_8 + R_6} = \frac{V_{i2}}{R_f + R + R_2} R_f \tag{4.7.5}$$

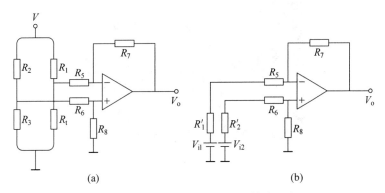

图 4.7.1 传感器电路结构(a)及其等效电路(b)

因为 $V_- \approx V_+$,所以有

$$V_o = \frac{R_f}{R'_1 + R}\left(\frac{R_f + R + R'_1}{R'_2 + R_f + R} V_{i2} - V_{i1}\right) \tag{4.7.6}$$

其中,R'_1 和 V_{i1} 与温度皆有关,故式(4.7.6)即是温度传感器电压-温度特性表达式。式(4.7.6)所表达的函数关系显然是非线性的,但通过适当的选择电路参数可以使得这一关系近似直线。需要确定的参数有: R_1、R_2 R_3,$R_5 = R_6 = R$,$R_7 = R_8 = R$,V、V_o。设所测温度范围为 $t_1 \sim t_3$,并令 $t_2 = \frac{t_1 + t_3}{2}$,$t_1$、$t_2$、$t_3$ 对应输出的电压分别为 V_{o1}、V_{o2}、V_{o3},则

$$V_{o1} = 0, \quad V_{o2} = \frac{V_{o3}}{2}, \quad V_{o3} = V_3 \tag{4.7.7}$$

确定参数按以下原则进行:

(1) $R_2 = R_3 = R_A$,$R_1 = R_{t1}$,R_A 的阻值接近于 R_{t1}。

(2) 为了尽量减小热敏电阻中流过的电流所引起的发热对测量结果带来的影响,V 的大小不应使 R_t 中流过的电流超过 1mA。

(3) 传感器的最大输出电压 V_3 的值应与后面连接的显示仪表相匹配。

(4) 电路参数 R 和 R_f 值的确定。

由式(4.7.6)和式(4.7.7)可得

$$V_{o3} = \frac{R_f}{R'_{13} + R} \left(\frac{R_f + R + R'_{13}}{R'_2 + R_f + R} V_{i2} - V_{i13} \right) \tag{4.7.8}$$

$$V_{o2} = \frac{R_f}{R'_{12} + R} \left(\frac{R_f + R + R'_{12}}{R'_2 + R_f + R} V_{i2} - V_{i12} \right) \tag{4.7.9}$$

式中：R'_{13}、V_{i13} 和 R'_{12} 是热敏电阻 R_t 所处环境温度为 t_3 和 t_2 时按式(4.7.2)计算所得的 R'_1 和 V_{i1} 值,联立式(4.7.8)和式(4.7.9)可以解得 R、R_f 的值(可以利用迭代法求解)。

4.7.4　仪器描述

　　TS-A 型温度传感器实验仪实物如图 4.7.2 所示。该仪器以热敏电阻作为温度传感元件,用非平衡电桥和集成的温度传感电路,通过数值计算方法适当选择传感器的电路参数,可使温度传感器的电压-温度特性在一定程度范围内得到线性化。

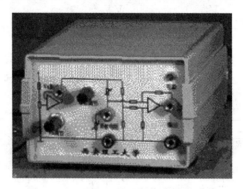

图 4.7.2　TS-A 型温度传感器实验仪

4.7.5　实验内容及步骤

1. 测量热敏电阻的温度特性

　　将热敏电阻和温度计放入恒温水浴锅中(温度计的头部与热敏电阻靠在一起),给水浴锅加热,从 25～75℃为止,每隔 5℃测量热敏电阻的阻值。绘出 R_t 的电阻-温度特性曲线,利用直线拟合法求出材料常数 β。

2. 选择和计算电路参数

　　按前面所述原则确定 R_1、R_2、R_3、V 和 V_3,并求出 R 和 R_f。

3. 传感器电压-温度特性的测定

　　1)用可变电阻箱代替热敏电阻元件接入仪器前面板"热敏电阻"的两个插孔内,并调节前面板上的"V 调节",使输入电桥的电源电压约为 3V,然后把数字万用表(电压挡)接至仪器前面板上的"输出"V_o 的两插孔内,并把电阻箱的阻值接至热敏电阻在起始温度 t_1(25℃)时对应的 R_{t1} 值,然后转动"调零旋钮"使 V_o 输出为零。

　　2)保持"调零"旋钮位置不变,把电阻箱的阻值调节为最高温度 75℃热敏电阻所对应的 R_{t3} 值,然后用数字万用表测量输出 V_o,转动"V 调节"旋钮,使 V 为设计要求的 V_3 值。

　　3)拆下电阻箱,接入热敏电阻,并把它放入盛有变压器油的烧杯中,将烧杯放在恒温磁力搅拌器上加热、搅拌。从 25℃到 75℃,每隔 5℃读取一次 V。在坐标纸上做出电压-温度特性曲线。

4.7.6 实验数据及处理

测量数据填入表 4.7.1 和表 4.7.2 中。

表 4.7.1

$t/℃$	25	30	35	40	45	50	...	75
R/Ω							...	

表 4.7.2

$t/℃$	25	30	35	40	45	50	...	75
U/mV							...	

4.7.7 注意事项

1. 使用电阻箱时应注意,使用前应先来回旋转一下各转盘,使电刷接触可靠。
2. 温度计的头部应该与热敏电阻靠在一起,以便测量更精确。

4.7.8 思考题

1. 在调节温度传感器的零点和量程时,为什么要先调节零点,后调节量程?
2. 如何选择传感器的参数?

4.8 温度的自动监控

4.8.1 实验目的

1. 了解热敏电阻的特点。
2. 了解热敏电阻实现自动控制的设计思想。

4.8.2 实验仪器

惠斯登电桥、热敏电阻、直流电源、水浴锅、继电器、三极管（ 放大倍数 100 以上）、蜂鸣器、滑线变阻器、温度计等。

4.8.3 实验原理

热敏电阻是温度自动控制中最常用的器件之一,其基本原理是热敏电阻的阻值随温度的变化而迅速变化。一般来说,热敏电阻具有负的电阻温度系数,即其阻值随温度升高而迅速降低。这是因为热敏电阻一般由半导体材料制成,而半导体材料内部的自由电子数目随温度升高增加很快,虽然自由电子定向运动遇到的阻力也增加,但此影响处次要地位,因此,热敏电阻阻值随温度的升高而下降。热敏电阻温度特性可以用下列函数来描述:

$$R_\mathrm{T} = A\exp\left(\frac{\beta}{T}\right)$$

(4.8.1)

式中：A 为常数，β 为与材料有关的常数，T 为绝对温度。从测量得到的 R_T-T 特性曲线可以求出 A 和 β 的值。为了比较准确地求出 A 和 β，可将式（4.8.1）进行直线拟合，对式（4.8.1）两边取对数得

$$\ln R_T = \ln A + \frac{\beta}{T} \tag{4.8.2}$$

从 $\ln R_T$-$1/T$ 的直线拟合中，即可得到 A、β 的值。

热敏电阻的电阻温度系数 α 的定义为

$$\alpha = \frac{1}{R_T}\left(\frac{dR_T}{dT}\right) \tag{4.8.3}$$

它表示了热敏电阻随温度变化的灵敏度。由式（4.8.1）可求得

$$\alpha = -\frac{\beta}{T^2} \tag{4.8.4}$$

4.8.4　仪器描述

1. 二极管：通常情况下二极管主要由一个 PN 结构成，其主要特性是单向导电性，也就是在正向电压（P 型一边接外加电压的正极，N 型一边接负极）的作用下，导通电阻很小；而在反向电压作用下导通电阻很大或无穷大。二极管常用在整流、隔离、稳压、极性保护、编码控制、调频调制和静噪等电路中。用于稳压作用的二极管的特点是加反向电压击穿后，其两端的电压基本保持不变。

2. 三极管：三极管内部有 P 型半导体和 N 型半导体组成的三层结构，根据分层次序分为 NPN 型和 PNP 型两大类。上述三层结构即为三极管的三个区，中间比较薄的一层为基区，另外两层同为 N 型或 P 型，其中尺寸相对较小、多数载流子浓度相对较高的一层为发射区，另一层则为集电区。三个区各自引出三个电极，分别为基极 b、发射极 e 和集电极 c。三层结构可以形成两个 PN 结，分别称为发射结和集电结。三极管符号中的箭头方向表示发射结的方向。三极管是一个放大元件，在合适的静态工作点下，当基极电压 U_b 有一个微小的变化时，基极电流 I_b、集电极电流 I_c 和发射极电流 I_e 都会随之变化，但是集电极电流的变化比基极电流的变化大得多，这就是三极管的放大作用。$\Delta I_c = \beta \Delta I_b$，其中，$\beta$ 称为三极管的放大倍数，一般在几十到几百倍。另外三极管也可以用作开关元件。

3. 继电器：继电器是自动控制中常用的元件之一，其结构主要是一电磁铁与金属弹片。当通过电磁铁的电流增大时，其磁性增强，使弹片被吸合，当电流变小时，电磁铁磁性减弱，弹片被放回，因此，继电器实际上是一个受电流控制的开关。

4.8.5　实验内容及步骤

1. 测量热敏电阻的温度特性曲线

1）按图 4.8.1 接好惠斯登电桥测电阻的电路。

2）使水温从 0℃ 上升到 100℃，每隔 10℃ 测热敏电阻的阻值。热敏电阻由下式计算得出：

$$R_T = \frac{R_2 R_3}{R_1}$$

3）以温度为横坐标，R_T 为纵坐标，绘出 R_T-T 曲线。

2. 用热敏电阻控制蜂鸣器的响与停

1）按图 4.8.2 接好线路，接通电路，调节滑线变阻器 R，找到使蜂鸣器响和停的位置。

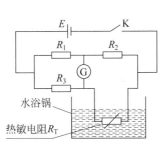

图 4.8.1　测量热敏电阻的温度特性曲线

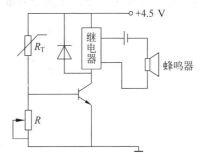

图 4.8.2　实验线路图

2）将滑线变阻器调至蜂鸣器刚好停止蜂鸣的位置，然后稍向电阻增大的方向调一下变阻器。

3）将热敏电阻放入热水中，蜂鸣器开始蜂鸣，当温度降低到某一值时，蜂鸣器停止蜂鸣，温度升高到超过某一值时又开始蜂鸣，从而实现了对温度的监控。

温度继电器广泛应用于工农业生产中，温室大棚的温度自动控制，冰箱、空调的自动开启和停机的原理都与此相似。若把温度继电器改为声控继电器或光控继电器，就可以用声音或光照进行控制，利用光敏元件可以对大棚温室的光照度进行自动监控。

4.8.6　思考题

1. 图 4.8.2 中滑线变阻器的作用是什么？若想使蜂鸣器开始蜂鸣时的温度提高，应增大还是减小滑线变阻器的阻值？

2. 图 4.8.2 中二极管起什么作用？三极管起什么作用？

4.9　CO_2 浓度的测量

CO_2 与我们的生活息息相关，气体 CO_2 广泛应用于制碱工业、制糖工业、钢铸件的淬火等行业。测量 CO_2 浓度在医学、环境保护和工农业生产等方面均有重要的用途。

本实验利用便携式的 CO_2 气体测定仪快速测定混合气体中的 CO_2 百分含量。所用仪器可用于蔬菜、粮食、烟草、果品的保鲜和储藏过程中 CO_2 浓度的测定，对植物的呼吸亦能进行测定，也可以对学生进行呼吸功能的测定，对窑炉等的燃烧废气亦能进行 CO_2 含量的测定。

4.9.1　实验目的

1. 了解 CO_2 气体测定仪的结构及原理。
2. 学会使用 CO_2 气体测定仪测定 CO_2 的浓度。

4.9.2　实验仪器

CO_2 气体测定仪、硅胶管、注射器、直交流变换器、橡皮吸气球。

4.9.3　仪器描述

仪器的气路原理图和连接图分别如图 4.9.1 和图 4.9.2 所示。

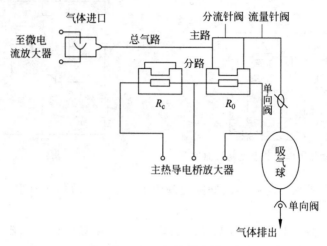

图 4.9.1　气路原理图

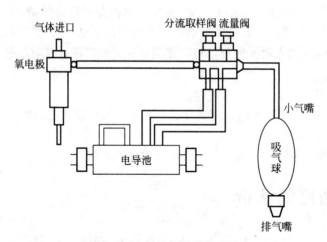

图 4.9.2　仪器的气路连接图

4.9.4　实验原理

仪器的使用原理框图如图 4.9.3 所示。

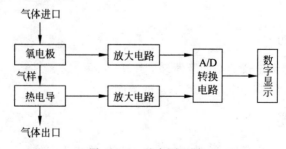

图 4.9.3　基本原理图

4.9.5 实验内容及步骤

1. 电池安装

仪器第一次使用时和电池用旧后需更换新电池。将仪器反过来,取下"电池后盖"板的两个固定螺丝,拉出"电池后盖",取出两个电池盒子(注意,不要拉断电池与仪器的连接线),按电池盒中的规定极性装入 8 节 1 号电池。先打开电源开关试一下仪器工作是否正常,然后将电池盒放回仪器内,插上"电池后盖"板,安上两只固定螺丝。

2. 将仪器放在新鲜空气环境中。把吸气球的小气嘴接 10cm 长硅胶管与仪器左侧的排气口相接,仪器后板上的进气口接一根硅胶管,另一端放在被测气样处,长度根据用户需要确定。如用针筒取气样,可用 10cm 长硅胶管连接针筒与进气口,不必用吸气球。

3. 打开电源开关,预热 5~10min。红色指示灯亮表示仪器处于测 O_2 位置;绿色指示灯亮表示仪器处于测 CO_2 位置,由面板上的白色按钮开关转换。以空气中氧浓度 21.0% 定标,调节"21.0%"旋钮,使读数稳定在 21.0% 即可;调节"0"旋钮,使 CO_2 显示为 00.0。

4. CO_2 气体浓度的测定

1)将进气口的硅胶管放在取样地方,手捏吸气球两次,待读数稳定后,读 CO_2 浓度。

2)如果用针筒取气样,取被测气体 10~20mL,慢慢地推入进气口,不要马上拔掉针筒,读数稳定后看 CO_2 浓度,在读 CO_2 浓度时取大读数。

3)如果重复测定需要用新鲜空气清洗气路,重新定标调零。

5. 检测完毕,应将气路清洗干净,关闭电源,放置干燥避晒避震处。

6. 检测时应排除干扰气体引起的误差

本仪器采用的 CO_2 传感器是非选择性检测器,在混合气体中除空气、氮气外不应有其他气体;否则引起干扰,测出的数据不准确。

4.9.6 注意事项

1. 电源电压检查

电池用时间较长后,电压低于设计电压,仪器测量精度降低,机内装有更换电池报警装置。当电池电压低于要求值时,显示屏三位小数点全部点亮,此时应更换新电池。

2. 仪器长期放置不用,应将仪器内电池取出,以免电池自然损坏时电解液漏出损坏仪器。

3. 一年后,氧电极要补充电解液,热导池检测器要重新定标,以维持仪器的精度和可靠性。

4.9.7 实验记录

测量数据填入表 4.9.1 中。

表 4.9.1

次 数	1	2	3	4	5	6
CO_2 浓度/%						

4.9.8 思考题

1. 哪些因素可影响空气中 CO_2 的浓度？
2. 重复测定时为什么要用新鲜空气清洗气路，并进行重新定标调零操作？

4.10 静电场对植物发芽率及生长特性的影响

4.10.1 实验任务

研究静电场对玉米种子发芽率及生长特性的影响。

4.10.2 实验仪器

直流电源、平行板电容器、生长皿、玉米种子、游标卡尺、天平等。

4.10.3 实验提示

将玉米种子放入静电场中进行处理后，植入培养皿中生长，一段时间后，即可对其生长特性参数进行测量。在平行板电容器极板上加不同的电压，可以得到不同强度的静电场。利用对照法可以研究静电场对种子生长特性的影响。

4.11 叶片对光的吸收效应的研究

4.11.1 实验目的

1. 了解物质对光的吸收系数随波长而改变的现象。
2. 利用分光光度计测定植物叶片的吸收光谱曲线。

4.11.2 实验仪器

分光光度计、光点反射检流计、配置好的几种不同浓度的溶液。

4.11.3 实验原理

一定强度的光线通过介质时，其强度要减弱，这就是介质对光的吸收现象。

设入射光的波长为 λ，强度为 I_0，当通过厚度为 L、浓度为 c 的介质后，透射光的强度为 I，则

$$I = I_0 e^{-\beta cL} \tag{4.11.1}$$

此关系称为朗伯-比尔定律，式中，β 为吸收物分子特性系数，仅与物质有关而与浓度无关，对式(4.11.1)两边取对数得

$$-\lg \frac{I}{I_0} = \beta cL \lg e \tag{4.11.2}$$

式中：$\dfrac{I}{I_0}$ 叫做透光率，令 $A = -\lg \dfrac{I}{I_0}$，$E = \beta \lg e$，则有

$$A = EcL \tag{4.11.3}$$

式中：A 叫做溶液的吸光度，E 叫做溶液的吸收系数。可见，溶液对一定波长的单色光的吸光度与溶液的厚度和浓度成正比，根据该关系可测量溶液浓度。

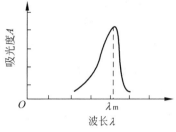

图 4.11.1　吸收光谱曲线

实验证明，溶液对光的吸收系数与入射光的波长有关，即 E 是波长的函数：$E = f(\lambda)$，因此，同一溶液对不同波长的单色光吸光度是不同的。以入射光波长为横坐标，吸光度为纵坐标，可绘制出溶液的吸收光谱曲线，如图 4.11.1 所示。可以看出，吸收曲线上有一个峰值 λ_m，表示溶液对该波长的光吸收最强。溶液的吸收峰可以用于进行元素定性与定量分析。

4.11.4　仪器描述

图 4.11.2 是分光光度计的光路图。电源由磁饱和稳压器供给白炽灯，使白炽灯发出白光。单色器由反射镜、棱镜及透镜组成，白光经棱镜色散成单色光，单色光的波长可由转盘调节（调节范围 420～720nm）。单色光的出射处有一光路闸门，闸门扳到黑点位置时，入射光被挡住；扳到红点位置时，入射光可以通过狭缝，射到比色皿上。比色皿有四个不同的定位位置，每个位置都可推到光路上去。单色光经比色皿后射到光路末端的硒光电池上产生输出电流，吸光度 A 和透光率 T 在检流计标尺上读出。

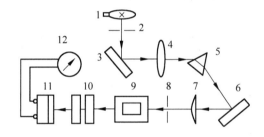

图 4.11.2　分光光度计的光路图

1—光源；2—进光狭缝；3—反射镜；4—透镜；5—棱镜；6—反射镜；7—透镜；
8—出光狭缝；9—比色皿；10—光量调节器；11—光电池；12—检流计

4.11.5　实验内容及步骤

1. 测量植物叶片溶液的吸收光谱曲线

1）将稳压器、单色光源、光点反射检流计之间的连接线接好，并将稳压器、检流计的电源线插到 220V 电源上。

2）将单色器的光路闸门扳到黑点位置，开启检流计电源开关，调节零点调节器，使光点落在"0"位上。

3）将比色皿架上装入空白溶液（或纯水）及一个相同厚度的已知浓度的溶液，先将空白溶液推到光路上。

4）打开稳压器及单色器电源开关，旋转单色器转盘，使某种单色光（例如 450nm）射入空白溶液，调节光量调节器，使指示光点准确地调到透光率为 100 的位置。

5）将已知浓度的溶液推到光路上，读出吸光度 A。

6) 改变单色光波长（λ＝460,470,…,700nm，重复步骤 4)和 5)，测出不同波长单色光对应的吸光度 A。将数据填入表 4.11.1 中。为防止光电池老化，每次测定后都要关上闸门。

7) 以波长为横坐标，吸光度为纵坐标，绘制吸收光谱曲线，并求出峰值波长 λ_m。

2. 研究单色光吸光度与溶液厚度和浓度的关系

1) 调节波长调节器转盘，使入射光波长等于峰值波长 λ_m。在比色皿架上装入空白溶液、不同浓度同厚度的溶液、不同厚度同浓度的溶液，分别测量出相应的吸光度 A，将数据分别填入表 4.11.2 和表 4.11.3 中，总结吸光度随溶液浓度和厚度变化的规律。

表　4.11.1

λ/nm	440	460	480	500	510	520	530	540	550	600	620	640	680	700
A														

表　4.11.2　　　　　　　　　　　　　　　　λ＝＿＿＿＿ nm, $L=5$mm

	5%mg/mL	2.5%mg/mL	1.25%mg/mL
A_1			
A_2			
$\overline{A}$			

表　4.11.3　　　　　　　　　　　　　　　　λ＝＿＿＿＿ nm, $C=5$%mg/mL

	5mm	10mm	20mm
A_1			
A_2			
$\overline{A}$			

2) 关闭电源，清洗比色皿，复原仪器。通过实验可以看出，不同物质对光的吸收是不一样的，通过测量物质的吸收特性曲线，可以对物质的组成作定性定量分析。在农业科研及生产中，把土壤的样品处理后，制成溶液，利用此实验的原理与技术，可以测定土壤中各种养分的含量，对精密施肥有非常重要的指导意义。通过测量植物叶片的光吸收特性，也可以用来作为判断其成熟度的参考。

4.11.6　思考题

1. 本实验用单色光源来进行，换用白光行吗？
2. 本实验原理可用于哪些工农业生产及科研中？

附录　样品溶液的制备。取数片生长旺盛的植物叶片，在天平上称取 1～2g 鲜重，剪碎放入研钵中，加蒸馏水 5～10mL，碳酸钙少许及适量的石英砂，仔细研磨成浆。然后用移液管吸取 2.5mL 置于另一试管中，再加丙酮 10mL，摇动试管，使色素溶入丙酮溶液。静止片刻，使残渣沉于管底，滤出清澈液体。

5 选做实验

5.1 收音机的组装与调试

超外差收音机是我们最常见的收音机类型,它通过选频电路取两个信号的差频进行中频放大,在接收波段范围内信号放大量均匀一致。超外差收音机具有灵敏度高、选择性好等优点。

5.1.1 实验目的

1. 掌握超外差收音机的工作原理。
2. 掌握小型电子线路系统的装调技术。
3. 熟练焊接技术。

5.1.2 实验仪器

超外差收音机套件、电烙铁、松香、斜口钳、焊锡丝。

5.1.3 实验原理

直接放大式收音机所遇到的主要问题是,一个高频放大器很难适应各种不同的工作频率。如果能想办法使高频放大器的工作频率保持不变,许多问题就很容易解决了。超外差收音机就是根据这个指导思想设计的。

超外差收音机把接收到的电台信号与本机振荡信号同时送入变频管进行混频,并始终保持本机振荡频率比外来信号频率高 465kHz(其频率较外来高频信号高一个固定中频,我国中频标准规定为 465kHz),通过选频电路取两个信号的"差频"进行中频放大。其结构框图如图 5.1.1 所示。

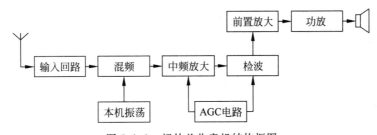

图 5.1.1 超外差收音机结构框图

输入回路从天线接收到的众多广播电台发射出的高频调幅波信号中选出所需接收的电台信号,将它送到混频管,本机振荡产生的始终比外来信号高 465kHz 的等幅振荡信号也被送入混频管。利用晶体管的非线性作用,混频后产生这两种信号的基频、和频、差频……其中差频为 465kHz。由选频回路选出这个 465kHz 的中频信号,将其送入中频放大器进行放大,经放大后的中频信号再送入检波器检波,还原成音频信号。音频信号再经前置低频放大和功率放大送到扬声器,由扬声器还原成声音。超外差式收音机的性能有如下特点:

1) 由于固定中频频率较低,因此中频放大器的增益高、工作稳定,收音机的灵敏度也可以做到很高。

2) 各个波段外来的高频信号都是变成固定中频之后再放大的,中频放大的增益不随外来信号的频率变化而变化,各个波段的信号都能够得到均匀放大,这对多波段收音机特别有利。

3) 由于工作频率固定,各中频放大的调谐回路,可按需要专门设计、调整,从而获得理想的矩形谐振曲线。这不仅可以提高临近波道的选择性,也可以使上下变频信号获得同样的放大,降低了频率失真。所以超外差式收音机不仅选择性好,而且失真也小。

但是,超外差电路也存在缺点,其最大的缺点就是会遇到很多的干扰。例如,因差频关系而产生的外差机特有的"像频干扰"等。

5.1.4 实验内容及步骤

1. 组装收音机

该收音机除天线、扬声器和电池外,其他元件均已安装在 PCB 板上。PCB 板与外部的连接仅 8 根(2 根电池夹连线,2 根扬声器连线,4 根天线线圈连线)线,组装工作非常方便。

1) 清点所有元器件和结构件,判断其好坏,查看组装说明书并找出元件和结构件各端(极)在电路板上相应的位置。

2) 按类型将所有元器件焊接到电路板对应位置上。

3) 将天线、扬声器接上,通电检查应有响声。用双连选出某个广播电台,由后级向前级调整中频变压器,使扬声器输出音量最大。但线圈 B2 不需调整,因其出厂时已调整在 465kHz。

2. 调整频率范围

收音机的中波段频率范围是 535～1605kHz,实际频率范围一般调在 525～1640kHz。调整频率范围也叫对刻度,它是靠调整本机振荡频率来实现的,步骤如下。

1) 调节函数信号发生器,输出 525kHz 调幅信号,并将其输出端靠近收音机磁性天线。

2) 将双连可变电容器全部旋入,调节指针对准 525kHz 刻度,并调节振荡线圈磁芯,使收音机收到此信号。

3) 调节函数信号发生器,输出 1640kHz 调幅信号,将双连可变电容器全部旋出,使指针对准 1640kHz 刻度,调整补偿电容收到此信号为止。

4) 按上述步骤复调一次。

也可用电台信号进行调试。收听熟悉的几个不同频段范围内的广播电台,调节至声音最大,使指针对准其频率刻度即可。

3. 统调

调整输入调谐回路与本机振荡回路谐振频率之差在整个频段内始终保持在 465kHz。

可以在频率低、中、高三端各取一个频率,如 600kHz、1000kHz、1500kHz 进行调整(调节可变电容,使收音机收到这三个信号,移动调谐线圈在磁棒上的位置,使收音机输出最大),即三点统调。

5.1.5 注意事项

1. 检查收音机组装原件是否齐全,各个原件是否损坏。
2. 实验过程中注意安全,以免烫伤。

5.2 计数器及其应用

计数器是一个用以实现计数功能的时序逻辑部件。按构成计数器中的各触发器是否使用同一个时钟脉冲源,可分为同步计数器和异步计数器;根据计数制的不同,分为二进制计数器、十进制计数器和任意进制计数器;根据计数规律的不同,又分为加法、减法和可逆计数器。

5.2.1 实验目的

1. 掌握与非门的逻辑功能。
2. 掌握中规模集成计数器的使用及功能测试方法。

5.2.2 实验仪器

+5V 直流电源、连续脉冲源、单次脉冲源、16 位电平开关输出、16 位逻辑电平输入及高电平显示、译码显示器、74LS192、74LS00。

5.2.3 实验原理

1. 74LS00 双时钟输入四与非门

74LS00 内含有四个互相独立的与非门,每个与非门有两个输入端。其引脚排列如图 5.2.1(a)所示。与非门的逻辑功能是:当输入中有一个或一个以上是低电平时,输出端为高电平;只有当输入端全部为高电平时,输出端才是低电平。74LS00 的逻辑表达式为 $Y = \overline{AB}$。

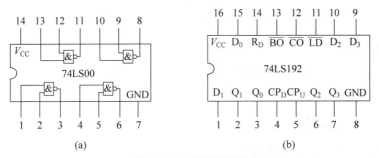

图 5.2.1 引脚排列图

(a) 74LS00 的引脚排列图;(b) 74LS192 的引脚排列图

2. 中规模十进制计数器

74LS192 是同步十进制可逆计数器,具有双时钟输入,并具有清除和置数等功能,其引脚排列如图 5.2.1(b)所示。

$\overline{LD}$ 是预置端，$D_3 D_2 D_1 D_0$ 是预置数据输入端，当 $\overline{LD}=0$ 时，$Q_3 Q_2 Q_1 Q_0 = D_3 D_2 D_1 D_0$；CR 是清除端，当 CR$=1$ 时，$Q_3 Q_2 Q_1 Q_0 =0000$；CP_U 是加计数时钟输入端，CP_D 是减计数时钟输入端，均为上升沿有效；$\overline{CO}$ 为加法计数器的进位输出端；$\overline{BO}$ 为减法计数器的借位输出端。$CR(R_D)$ 为高电平有效的异步清 0 控制信号输入端。

当 R_D 为低电平，$\overline{LD}$ 为高电平时，执行计数功能。加法计数时，CP_U 输入计数脉冲，CP_D 必须保持逻辑 1；减法计数时，CP_D 输入计数脉冲，CP_U 必须维持逻辑 1。

表 5.2.1 给出了 74LS192 的逻辑功能表，表 5.2.2 给出了十进制加、减计数器的状态转换真值表。

表 5.2.1

输　　　入								输　　　出			
CR	$\overline{LD}$	CP_U	CP_D	D_3	D_2	D_1	D_0	Q_3	Q_2	Q_1	Q_0
1	×	×	×	×	×	×	×	0	0	0	0
0	0	×	×	d	c	b	a	d	c	b	a
0	1	↑	1	×	×	×	×	加　计　数			
0	1	1	↓	×	×	×	×	减　计　数			

表 5.2.2

Q_3^n	Q_2^n	Q_1^n	Q_0^n	Q_3^{n+1}	Q_2^{n+1}	Q_1^{n+1}	Q_0^{n+1}	CO	Q_3^n	Q_2^n	Q_1^n	Q_0^n	Q_3^{n+1}	Q_2^{n+1}	Q_1^{n+1}	Q_0^{n+1}	BO
0	0	0	0	0	0	0	1	1	0	0	0	0	1	0	0	1	0
0	0	0	1	0	0	1	0	1	0	0	0	1	0	0	0	0	1
0	0	1	0	0	0	1	1	1	0	0	1	0	0	0	0	1	1
0	0	1	1	0	1	0	0	1	0	0	1	1	0	0	1	0	1
0	1	0	0	0	1	0	1	1	0	1	0	0	0	0	1	1	1
0	1	0	1	0	1	1	0	1	0	1	0	1	0	1	0	0	1
0	1	1	0	0	1	1	1	1	0	1	1	0	0	1	0	1	1
0	1	1	1	1	0	0	0	1	0	1	1	1	0	1	1	0	1
1	0	0	0	1	0	0	1	1	1	0	0	0	0	1	1	1	1
1	0	0	1	0	0	0	0	0	1	0	0	1	1	0	0	0	1

3. 任意进制计数

假定已有 N 进制计数器，而需要得到一个 M 进制计数器时，只要 $M < N$，用复位法使计数器到 M 时置"0"，即获得 M 进制计数器。

5.2.4　实验内容及步骤

1. 验证与非门 74LS00 的逻辑功能

按图 5.2.2(a)接线，门的两个输入端接逻辑开关输出插口，以提供"0"与"1"电平信号，按一下"16 位开关电平输出"开关，灯亮表示输出为 1，灯灭表示输出为 0。门的输出端接由 LED 发光二极管组成的逻辑电平显示器的显示插口，LED 亮为逻辑 1，不亮为逻辑 0。按表 5.2.1 的真值表逐个测试集成块中四个与非门的逻辑功能。

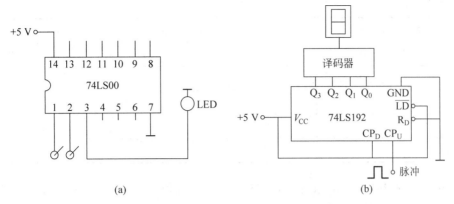

图 5.2.2　测试 74LS00 和 74LS192 同步十进制可逆计数器的逻辑功能

2. 测试 74LS192 同步十进制可逆计数器的逻辑功能

1) 按图 5.2.2(b)连接线路,计数脉冲 CP_U 由单次脉冲源提供,选用 Q_{21} 或 Q_{22} 脉冲源,清零端接低电平,即 $R_D = 0$;置数端和减数计数端接高电平,即 $\overline{LD} = CP_D = 1$;输出端 Q_0、Q_1、Q_2、Q_3 接实验设备的一个译码器显示输入的相应插口 ABCD。观察译码器数字显示的变化,记录实验现象。

2) 交换加计数端与减计数端,并观察译码器数字显示的变化,记录实验现象。

3. 实现任意进制计数

1) 图 5.2.3 为 74LS00 和 74LS192 构成的一个 6 进制计数器,按图 5.2.3 连接线路。观察译码器数字显示的变化,记录实验现象。

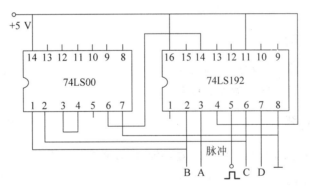

图 5.2.3　6 进制计数器

2) 设计一个 8 进制计数器,画出实验线路图。

5.2.5　注意事项

连接线路时,一定要将电源关掉,防止接错线路烧坏集成块。

5.2.6　实验数据及处理

1. 记录 74LS00 的逻辑功能测试结果(表 5.2.3)。

表 5.2.3

输　　入		输　　　　　出			
A_n	B_n	Y_1	Y_2	Y_3	Y_4
1	1				
0	1				
1	0				
0	0				

2. 记录测试 74LS192 同步十进制可逆计数器的逻辑功能时观察到的现象。

3. 记录 6 进制计数器的变化，记录实验现象。

4. 画出 8 进制计数器的线路图。

5.2.7　思考题

1. 两片 74LS192 如何组成两位十进制加法计数器？

2. 在什么情况下与非门输出高电平或低电平？

5.3　照相技术

照相技术能够真实、迅速地记录物体形象、实验过程或某些瞬间变化。因此，照相是一种重要的实验手段。照相技术在 X 射线分析、光谱分析、高能粒子的径迹分析、航空测量和空间技术等方面已获得了广泛的应用。

5.3.1　实验目的

1. 理解照相、冲洗及印相放大的原理。

2. 掌握照相、冲洗及印相放大的技术。

5.3.2　实验仪器

照相机、感光底片、放大机、印相纸、显影液、定影液、托盘、镊子等。

5.3.3　实验原理

照相是将立体物体发出或反射的光强记录在底片上，再经过印相、放大等步骤得到物体的平面影像。当光照射到底片上时，底片上的卤化银薄膜就会在光照下发生反应，银离子被还原成银原子。这样底片上银原子的分布就记录下了光强的分布。这时形成的是潜像，肉眼不能直接观测到。将曝光后的底片放入显影液中，就会以潜像上已经析出的银原子为显像中心，将附近卤化银中的银原子还原出来。感光量多的地方析出的银原子就多；感光量少的地方析出的银原子就少。金属银对光是不透明的，因此曝光量越大的地方，底片越黑，透明度越差。由于底片上的黑白层次与实物的明暗程度相反，因此底片又称为负片。显影好的底片还要放入定影液中定影，将未反应的卤化银微粒洗去，防止底片继续感光变黑。

将底片与未曝光的相纸贴在一起曝光,就可将相纸上的卤化银中的银原子还原析出。再经过显影和定影,就可以得到黑白层次与负片相反,而与实物相同的照片。照片也称为正片。

5.3.4 仪器描述

相机主要由以下几个部分组成:

1. 机身:指镜头和暗盒之间的部分。

2. 镜头:镜头是由一定数量的透镜组合而成的。物体发出或反射的光经过镜头后,可以在底片上形成倒立、缩小的实像。镜头是相机成像的关键部分。

3. 光圈:是由一组可调节的金属薄片组成,安装在镜头的镜片之间。光圈可以通过光圈调节环进行调节。光圈的功能有两个:第一个作用是调节进光量。光圈孔径 d、透镜的焦距 f 和进光量 I 之间的关系为 $I \propto \left(\dfrac{d}{f}\right)^2$,通常称 $\dfrac{f}{d}$ 为光圈数。以凤凰单反相机为例,光圈调节环上刻有 1.8、2.8、4、5.6、8 等近似以 $\sqrt{2}$ 为公比排列的光圈数。进光量与光圈数成反比。光圈数越大,进光量越少;反之,光圈数越小,进光量越多。光圈的第二个作用是调节景深,景深是指能在底片上获得清晰像的最远物体与最近物体之间的距离。光圈数越小,景深也越小。在拍摄时,要根据当时具体的天气情况和拍摄目的选择合适的光圈数。

4. 快门:是控制底片曝光时间的装置。快门开启的时间越长,进光量就越大。在快门刻度盘上标有数字 1、2、4、8⋯⋯、1000、B、T 等标度,分别表示快门的开启时间为 1s、1/2s、1/4s⋯⋯其中"B"表示按下快门按钮快门打开,手离开后快门关闭。其中的"T"表示按下快门按钮快门打开,再次按下快门按钮,快门关闭。除此之外还可以通过选择自拍方式控制快门的开启时间。其具体的做法是,将自拍扳手拨到止动位置,按下快门按钮,约 10s 后快门自动打开和关闭。

5.3.5 实验步骤

1. 熟悉相机的构造和性能,在老师的指导下装上胶卷。

2. 拍摄 2~3 张人像、景物的照片,并记录下当时拍摄的光圈数、快门速度以及物距。

3. 在老师的指导下在暗室中对底片进行显影和定影。

4. 将做好的底片装在放大机上,调节好焦距,测试好曝光时间,对裁好的相纸进行曝光。

5. 将曝光好的相纸进行显影和定影。

5.3.6 注意事项

1. 镜头表面不可触摸,如镜头表面有污物,应使用专门的镜头纸进行擦拭。

2. 当长时间不进行拍摄时,应将镜头盖盖好,并且将快门速度设于"B"处。

3. 底片和照片的显影和定影过程一定要充分。

5.3.7 思考题

1. 照好一张照片的关键是什么?

2. 为什么景深与光圈数的大小有关?

6 物理实验数值模拟

物理实验的模拟和仿真是指利用计算机的运算、文字、图形、图像、声音、色彩等功能,来模拟或演示物理过程或对实验数据进行统计分析等。模拟分为软件模拟和硬件模拟,软件模拟主要是显示物理过程或现象,硬件模拟主要是数据采集与自动化处理以及仪器设备智能化等。随着计算机技术的快速发展,模拟应用已经越来越广泛。本章介绍两个简单的例子,希望能引起学生对该问题的兴趣,起到抛砖引玉的作用。

6.1 同方向、不同频率简谐振动合成的数值模拟

6.1.1 任务

1. 模拟同方向不同频率的两个简谐振动的合成。
2. 研究拍形成的规律。

6.1.2 建模

两个同方向、不同频率的简谐振动合成时,由于频率不同,相位差随时间改变,合振动一般不再是简谐振动,情况比较复杂。但如果两者频率较大且频率相差很小时,产生的合振动的振幅会出现时而加强时而减弱的现象称为拍。

为简化问题,设两个振动分别为

$$y_1 = A\cos\omega_1 t$$
$$y_2 = A\cos\omega_2 t$$

其中 ω_1、ω_2 分别为两个分振动的圆频率,其合振动为

$$y = y_1 + y_2 = 2A\cos\left(\frac{\omega_2 - \omega_1}{2}t\right)\cos\left(\frac{\omega_2 + \omega_1}{2}t\right)$$

如果 $|\omega_2 - \omega_1| \ll \omega_2 + \omega_1$,则合振幅 $\left|2A\cos\left(\dfrac{\omega_2 - \omega_1}{2}t\right)\right|$ 随时间做缓慢变化,从而合振幅出现时大时小的拍现象。振幅变化的圆频率为 $\omega_2 - \omega_1$。

6.1.3 编程实现

模拟振动合成程序如下(用 Matlab 编写):

```
Clear all
t=0:0.01:10;      %给出时间轴坐标
A₁=input('请输入振幅1');ω₁=input('请输入频率1');
A₂=input('请输入振幅2');ω₂=input('请输入频率2');
```

$y_1 = A_1 * \sin(\omega_1 * t)$；$y_2 = A_2 * \sin(\omega_2 * t)$；

$y = y_1 + y_2$；　　％计算合振动

$\mathrm{subplot}(3,1,1), \mathrm{plot}(t, y_1), \mathrm{ylabel}('y_1')$　　％绘制振动曲线

$\mathrm{subplot}(3,1,2), \mathrm{plot}(t, y_2), \mathrm{ylabel}('y_2')$

$\mathrm{subplot}(3,1,3), \mathrm{plot}(t, y), \mathrm{ylabel}('y'), \mathrm{xlabel}('t/s')$；

该程序运行时，可根据屏幕提示，输入分振动 y_1、y_2 的振幅和频率，计算机便自动绘制出振动 y_1、y_2 及合振动 $y_1 + y_2$ 的振动曲线。图 6.1.1 给出了一个运行实例。

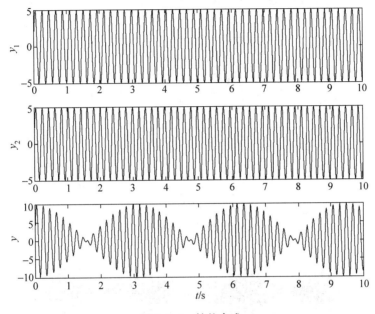

图 6.1.1　拍的合成

$A_1 = A_2 = 5, \omega_1 = 30, \omega_2 = 32$

研究拍形成的规律模拟程序如下：

for i＝1:4

$\omega_1 = 10 * i$；

$\omega_2 = \omega_1 + 2$；

$y_1 = A_1 * \sin(\omega_1 * t)$；$y_2 = A_2 * \sin(\omega_2 * t)$；

$y = y_1 + y_2$；

$\mathrm{subplot}(4,1,i), \mathrm{plot}(t, y), \mathrm{ylabel}('y'), \mathrm{xlabel}('t')$

end

该程序运行时，改变不同的频率数值或两振动频率的差值即可得到不同的合成结果。从而观察拍的形成随分振动频率及频率差的变化关系。图 6.1.2 和图 6.1.3 给出了两个运行实例。

练习题：编程模拟互相垂直方向上两简谐振动的合成。

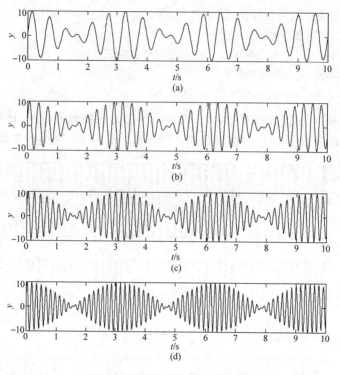

图 6.1.2　拍合成随频率的变化

(a) $\omega_1=10$；(b) $\omega_1=20$；(c) $\omega_1=30$；(d) $\omega_1=40,\omega_2-\omega_1=2$

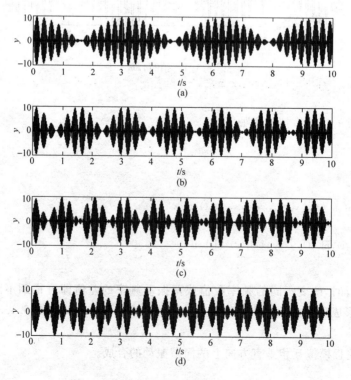

图 6.1.3　拍合成随分振动频率差的变化

(a) $\omega_2-\omega_1=2$；(b) $\omega_2-\omega_1=4$；(c) $\omega_2-\omega_1=6$；(d) $\omega_2-\omega_1=8$

6.2　单狭缝衍射数值模拟

6.2.1　任务

1. 模拟单狭缝衍射现象。
2. 观察狭缝宽度对衍射条纹的影响。

6.2.2　建模

如图 6.2.1 所示,设单狭缝宽度为 a,缝到屏幕的距离为 D,把单狭缝看作 N 个等间隔的光源,则这些光源分布在 $-a/2\sim a/2$ 之间,屏幕上任意点的光强为这 N 个光源照射的合成结果。

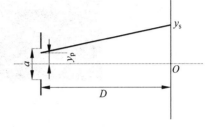

图 6.2.1　模型图

6.2.3　编程实现

```
clear
bochang=0.0000005；　　％入射光的波长
a=0.0002；　　％狭缝宽度
D=1；　　％缝与屏之间的距离
ymax=3 * bochang * D/a；　　％屏幕范围
ny=1500；　　％y 向取点数
ys=linspace(-ymax,ymax,ny)；
N=51；
yp=linspace(-a/2,a/2,N)；
for j=1:ny
    L=sqrt((ys(j)-yp).^2+D^2)；
    phi=2 * pi. * (L-D). /bochang；
    sumcos=sum(cos(phi))；
    sumsin=sum(sin(phi))；
    B(j)=(sumcos^2+sumsin^2)/N^2；
end
clf；figure(gcf)；　　％ 绘图
nclevels=255；
Br=(B/max(B)) * nclevels；
subplot(1,2,1)；
image(ys,ys,Br)；　　％ 画灰度图
colormap(gray(nclevels))；
subplot(1,2,2),plot(B(:),ys)；　　％ 画光强分布曲线
```

运行该程序,单狭缝衍射形成的条纹图像灰度图和屏幕上光强度分布曲线即显示出来。

图 6.2.2 给出了一个模拟结果。改变 a 的赋值，可以观察衍射条纹随缝宽的变化。

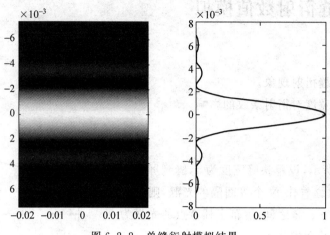

图 6.2.2　单缝衍射模拟结果

练习题：编程模拟夫琅禾费圆孔衍射现象。

附 录

附录 A 国际单位制基本单位

表 A1 国际单位制的基本单位

量 的 名 称	单 位 名 称	单 位 符 号
长度	米	m
质量(重量)	千克(公斤)	kg
时间	秒	s
电流	安[培]	A
热力学温度	开[尔文]	K
物质的量	摩[尔]	mol
发光强度	坎[德拉]	cd

附录 B 常用物理数据

表 B1 基本物理常量

名 称	符号、数值和单位
真空中的光速	$c = 2.99792458 \times 10^8 \, \text{m/s}$
电子的电荷	$e = 1.6021892 \times 10^{-19} \, \text{C}$
普朗克常量	$h = 6.626176 \times 10^{-34} \, \text{J} \cdot \text{s}$
阿伏伽德罗常量	$N_0 = 6.022045 \times 10^{23} \, \text{mol}^{-1}$
原子质量单位	$u = 1.6605655 \times 10^{-27} \, \text{kg}$
电子的静止质量	$m_e = 9.109534 \times 10^{-31} \, \text{kg}$
电子的荷质比	$e/m_e = 1.7588047 \times 10^{11} \, \text{C/kg}$
法拉第常量	$F = 9.648456 \times 10^4 \, \text{C/mol}$
氢原子的里德伯常量	$R_H = 1.096776 \times 10^7 \, \text{m}^{-1}$
摩尔气体常量	$R = 8.31441 \, \text{J/(mol} \cdot \text{K)}$
玻耳兹曼常量	$k = 1.380622 \times 10^{-23} \, \text{J/K}$
洛施密特常量	$n = 2.68719 \times 10^{25} \, \text{m}^{-3}$
万有引力常量	$G = 6.6720 \times 10^{-11} \, \text{N} \cdot \text{m}^2 / \text{kg}^2$
标准大气压	$p_0 = 101325 \, \text{Pa}$
冰点的绝对温度	$T_0 = 273.15 \, \text{K}$
真空中介电常量(电容率)	$\varepsilon_0 = 8.854188 \times 10^{-12} \, \text{F/m}$
真空中磁导率	$\mu_0 = 12.566371 \times 10^{-7} \, \text{H/m}$

表 B2　20℃ 部分固体和液体的密度

物　质	密度 $\rho/(kg/m^3)$	物　质	密度 $\rho/(kg/m^3)$
铝	2698.9	石英	2500～2800
铜	8960	水晶玻璃	2900～3000
铁	7874	冰(0℃)	880～920
银	10500	乙醇	789.4
金	19320	乙醚	714
钨	19300	汽车用汽油	710～720
铂	21450	氟利昂-12	1329
铅	11350	变压器油	840～890
锡	7298	甘油	1260
水银	13546.2	钢	7600～7900

表 B3　20℃ 时部分金属的杨氏模量

金　属	杨氏模量 $Y/(\times 10^{11}\,N/m^2)$	金　属	杨氏模量 $Y/(\times 10^{11}\,N/m^2)$
铝	0.69～0.70	锌	0.78
钨	4.07	镍	2.03
铁	1.86～2.06	铬	2.35～2.45
铜	1.03～1.27	合金钢	2.06～2.16
金	0.77	碳钢	1.96～2.06
银	0.69～0.80	康铜	1.60

注：杨氏弹性模量的值与材料的结构、化学成分及其加工制造方法有关，表中所列的只是平均值。

表 B4　20℃ 时部分与空气接触的液体的表面张力系数

液　体	$\alpha/(\times 10^{-3}\,N/m)$	液　体	$\alpha/(\times 10^{-3}\,N/m)$
石油	30	甘油	63
煤油	24	水银	513
松节油	28.8	蓖麻	36.4
水	72.75	乙醇	22.0
肥皂溶液	40	乙醇(在 60℃ 时)	18.4
氟利昂-12	9.0	乙醇(在 0℃ 时)	24.1

表 B5　与空气接触的水的表面张力系数

温度/℃	$\alpha/(\times 10^{-3}\,N/m)$	温度/℃	$\alpha/(\times 10^{-3}\,N/m)$	温度/℃	$\alpha/(\times 10^{-3}\,N/m)$
0	75.62	16	73.34	30	71.15
5	74.90	17	73.20	40	69.55
6	74.76	18	73.05	50	67.90
8	74.48	19	72.89	60	66.17
10	74.20	20	72.75	70	64.41
11	74.07	21	72.60	80	62.60
12	73.92	22	72.44	90	60.74
13	73.78	23	72.28	100	58.84
14	73.64	24	72.12		
15	73.48	25	71.96		

表 B6　部分液体的黏滞系数

液体	温度/℃	$\eta/(\mu Pa \cdot s)$	液体	温度/℃	$\eta/(\mu Pa \cdot s)$
汽油	0	1788	甘油	−20	134×10^6
	18	530		0	121×10^5
甲醇	0	817		20	1499×10^3
	20	584		100	12 945
乙醇	−20	2780	蜂蜜	20	650×10^4
	0	1780		80	100×10^3
	20	1190	鱼肝油	20	45 600
乙醚	0	296		80	4600
	20	243	水银	−20	1855
变压器油	20	19 800		0	1685
蓖麻油	10	242×10^4		20	1554
葵花籽油	20	50 000		100	1224

表 B7　不同温度下蓖麻油的黏滞系数

温度/℃	$\eta/(Pa \cdot S)$	温度/℃	$\eta/(Pa \cdot S)$	温度/℃	$\eta/(Pa \cdot S)$	温度/℃	$\eta/(Pa \cdot S)$
0	53.0	16	1.37	23	0.73	30	0.45
10	2.42	17	1.25	24	0.67	31	0.42
11	2.20	18	1.15	25	0.62	32	0.39
12	2.00	19	1.04	26	0.57	33	0.36
13	1.83	20	0.95	27	0.53	34	0.34
14	1.67	21	0.87	28	0.52	35	0.31
15	1.51	22	0.79	29	0.48	40	0.23

表 B8　部分金属和合金的电阻率及其温度系数

金属或合金	电阻率/$(\times 10^{-6}\ \Omega \cdot m)$	温度系数/$℃^{-1}$
铝	0.028	42×10^{-4}
铜	0.0172	43×10^{-4}
银	0.016	40×10^{-4}
金	0.024	40×10^{-4}
铁	0.098	60×10^{-4}
铅	0.205	37×10^{-4}
铂	0.105	39×10^{-4}
钨	0.055	48×10^{-4}
锌	0.059	42×10^{-4}
锡	0.12	44×10^{-4}
水银	0.958	10×10^{-4}
武德合金	0.52	37×10^{-4}
钢(0.10~0.15%碳)	0.10~0.14	6×10^{-3}
康铜	0.47~0.51	$(-0.04 \sim +0.01) \times 10^{-3}$
铜锰镍合金	0.34~1.00	$(-0.03 \sim +0.02) \times 10^{-3}$
镍铬合金	0.98~1.10	$(0.03 \sim 0.4) \times 10^{-3}$

注：电阻率与金属中的杂质有关，表中列出的只是 20℃时电阻率的平均值。

表 B9　常用光源的谱线波长　　　　　　　　　　　　　　　　nm

一、H(氢)	447.15 蓝	589.592(D₁)黄
656.28 红	402.62 蓝紫	588.995(D₂)黄
486.13 绿蓝	388.87 蓝紫	五、Hg(汞)
434.05 蓝	三、Ne(氖)	623.44 橙
410.17 蓝紫	650.65 红	579.07 黄
397.01 蓝紫	640.23 橙	576.96 黄
二、He(氦)	638.30 橙	546.07 绿
706.52 红	626.25 橙	491.60 绿蓝
667.82 红	621.73 橙	435.83 蓝
587.56(D₃)黄	614.31 橙	407.78 蓝紫
501.57 绿	588.19 黄	404.66 蓝紫
492.19 绿蓝	585.25 黄	六、He-Ne 激光
471.31 蓝	四、Na(钠)	632.8 橙

参 考 文 献

[1] 李玉琮,赵光强,林智群. 大学物理实验[M].北京：北京邮电大学出版社,2006.

[2] 柴成钢,罗贤清,等. 大学物理实验[M].北京：科学出版社,2004.

[3] 葛松华,唐亚明. 大学物理实验教程[M].北京：电子工业出版社,2004.

[4] 习岗,杨初平. 大学物理实验[M].北京：中国农业出版社,2003.

[5] 陈早生,任才贵. 大学物理实验[M].上海：华东理工大学出版社,2003.

[6] 李平舟,陈秀华,吴兴林. 大学物理实验[M].西安：西安电子科技大学出版社,2002.

[7] 吴泳华,霍剑青,熊永红. 大学物理实验[M].北京：高等教育出版社,2001.

[8] 陈怀琛. MATLAB 及其在理工课程中的应用指南[M].西安：西安电子科技大学出版社,2000.

[9] 肖苏. 实验物理教程[M].合肥：中国科技大学出版社,1998.